VOYAGE

AGRONOMIQUE

EN ANGLETERRE.

A. PIHAN DELAFOREST,

Imprimeur de Monsieur le Dauphin, de la Cour de Cassation,

rue des Noyers, n° 37.

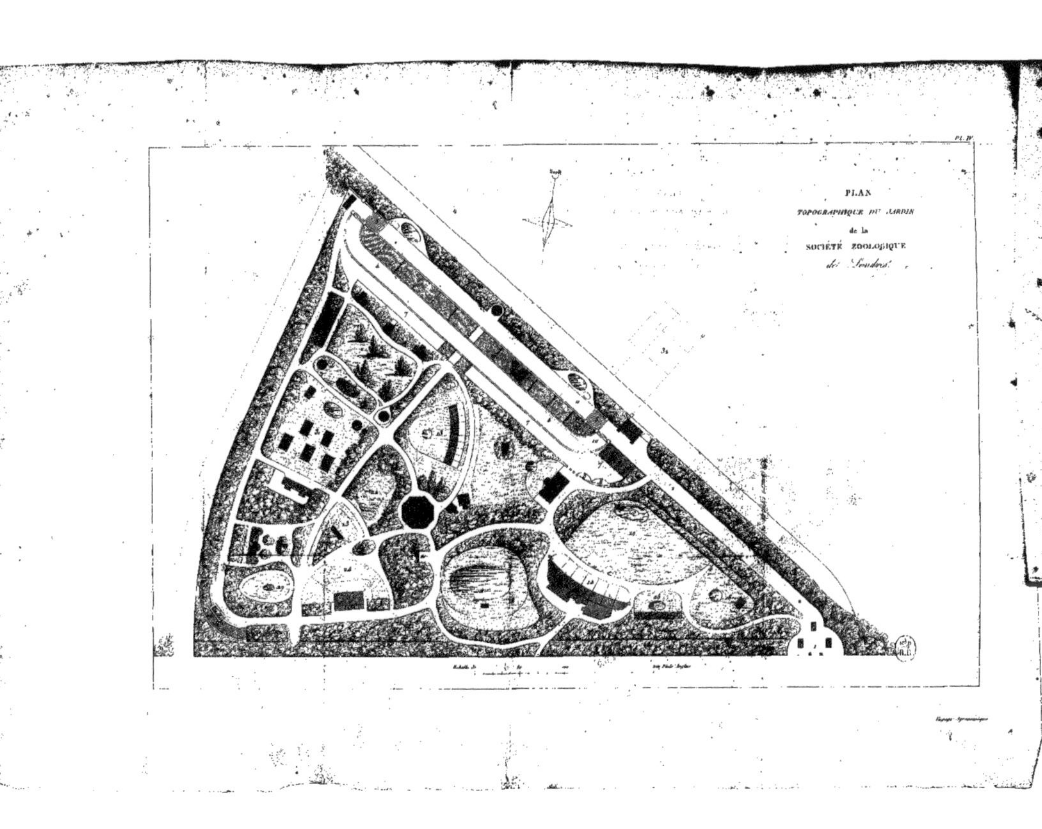
PL. IV
PLAN
TOPOGRAPHIQUE DU JARDIN
de la
SOCIÉTÉ ZOOLOGIQUE
de Londres
Nord

VOYAGE AGRONOMIQUE

EN ANGLETERRE,

FAIT EN 1829;

OU

ESSAI

SUR LES CULTURES DE CE PAYS

COMPARÉES A CELLES DE LA FRANCE.

PAR FR. PHILIPPAR,

HOT.-CULTIVATEUR, MEMBRE DE LA SOCIÉTÉ CENTRALE D'AGRICULTURE ET DES ARTS
DU DÉPARTEMENT DE SEINE-ET-OISE, DE PLUSIEURS AUTRES SOCIÉTÉS
D'AGRICULTURE ET D'HORTICULTURE FRANÇAISES, ET MEMBRE CORRESPONDANT
DE LA SOCIÉTÉ HORTICULTURALE DE LONDRES.

AVEC 20 PLANCHES.

« Père de la nature, être puissant et bon ,
« . . . .
« . . . .
« . . . .
« Daigne accorder au sol cultivé par nos mains
« Des ceps toujours féconds , des épis toujours pleins :
Puisse l'astre éclatant où brille ta puissance ,
Ne rien voir dans son cours d'aussi grand que la France.
(CASTEL, poème *Des Plantes*, chant 2e.)

PARIS,

ROUSSELON, LIBRAIRE-ÉDITEUR,

RUE D'ANJOU-DAUPHINE , Nº 9.
1830.

AVERTISSEMENT.

Le voyage que je viens de faire en Angleterre avait pour objet l'étude des cultures de
ce pays et la comparaison de ces cultures avec
les nôtres. En quittant la France, je me suis
dépouillé de tout préjugé national, et j'ai ainsi
cherché à remplir le premier devoir de tout
voyageur qui veut juger sainement et sans par-
tialité de tout ce qui peut fixer son attention.

La différence que je trouvai dans les cultures
des deux pays m'engagea à mon retour à coor-
donner et à rédiger mes observations; je m'y
suis d'autant plus volontiers déterminé que je
désirais rendre un hommage public de reconnaissance aux personnes qui m'ont aidé de leurs
conseils et qui m'ont honoré de leurs bienveil-
lantes recommandations auprès des savans botanistes et cultivateurs anglais, envers lesquels
j'ai contracté de grandes obligations pour les
marques d'attention dont j'ai été l'objet pendant

tout le temps de mon séjour auprès d'eux. Ma reconnaissance est d'autant plus grande que je dois à tous quelques nouvelles connaissances acquises pendant le cours de mon voyage, entrepris dans cette intention. Je voulais aussi trouver l'occasion de payer mon tribut de gratitude aux cultivateurs instruits qui ont guidé mes pas dans la carrière que je parcours, et aux corps savans qui m'ont fait l'honneur de m'admettre dans leur sein et de me faire participer à leurs travaux pour stimuler mon zèle et encourager mes efforts.

En écrivant cette relation, j'espère qu'on ne m'accusera pas d'avoir eu l'intention d'instruire ; loin de moi une telle prétention que mon médiocre savoir démentirait. Je n'ai pas voulu m'établir juge en approuvant et désapprouvant ce qui se fait dans les deux pays ; mais en comparant les procédés respectifs des deux nations, je me suis permis quelquefois d'émettre mon opinion.

Pour mettre plus de netteté dans l'ordre de mes observations, j'ai divisé ce travail par chapitres, en regardant chacun d'eux comme autant de branches de l'art agronomique. J'ai pensé que, par ce moyen, j'éviterais la confusion qui aurait pu exister en procédant autrement. J'ai joint, à mes observations, quelques planches qui pourront peut-être faciliter l'intelligence des descriptions auxquelles elles se rapportent.

J'ai cité les plantes que j'ai rencontrées en fleur, et celles qui m'ont paru rares et nouvelles en France. Dans ces citations, je ne me suis pas étendu comme je l'aurais désiré : plusieurs espèces n'ont qu'une description très-succincte, superficiellement prise sans étude de comparaison ; d'autres ne sont que nommées. Pour offrir un travail botanique qui aurait peut-être pu satisfaire entièrement mes lecteurs, il aurait fallu que je consacrasse plus de temps à ce voyage qu'il ne m'a été possible de le faire.

Il s'est glissé quelques fautes typographiques dans la nomenclature ; on pourra les rectifier par l'errata. Cependant il existe plusieurs noms qui m'ont paru douteux , que je n'ai pu corriger faute de renseignemens assez positifs.

Si je suis assez heureux pour avoir pu me rendre intelligible aux lecteurs qui daigneront jeter les yeux sur ce travail, et leur offrir quelque intérêt, ma tâche sera remplie, et ce sera pour moi un encouragement aussi utile qu'honorable.

VOYAGE

AGRONOMIQUE

EN ANGLETERRE.

CHAPITRE PREMIER.

GÉOGRAPHIE PHYSIQUE DE L'ANGLETERRE.

La Géographie physique étant du domaine de la science agronomique, je crois devoir en parler, afin de faire apprécier la différence qui existe entre la température de l'Angleterre et celle de la France ; objet peut-être trop souvent négligé par les voyageurs. Je regrette que mon court séjour ne m'ait pas permis de faire plus d'observations sur cette intéressante partie ; j'ai dû pour compléter celles que j'expose ici, avoir recours aux savans du pays, et consulter des géographies qui s'étendent plus ou moins, mais qui sont loin de satisfaire celui qui est avide de documens positifs.

L'Angleterre, comme on sait, est placée au nord de

la France, entre le 50ème et le 55ème degré de latitude nord, et entre o d. 4o minutes et le 8ème degré de longitude ouest. Son climat est variable, mais l'air y est beaucoup plus doux que l'on ne pourrait le penser.

Environnée de toutes parts de la mer, cette situation l'expose à de grandes variations de température ; et quelques parties, surtout à l'occident, sont sujettes à des pluies fréquentes qui causent une humidité peu favorable aux habitans, mais beaucoup à l'accroissement des végétaux.

L'hiver commence dès le mois d'octobre, et se prolonge jusqu'en mai, époque où commence l'été qui dure jusqu'à la fin de septembre : le printemps et l'automne se trouvent confondus dans les autres saisons ; le printemps s'y fait peu sentir, le renouvellement de la nature l'annonce seul, sans qu'on en éprouve d'autres effets. Les gelées n'arrivent ordinairement que vers Noël, rarement avant, et janvier est le mois le plus rigoureux pour le froid ; mais l'hiver est généralement tempéré par les brouillards qui y sont communs, et par les vents qui le plus souvent sont humides. On sait que l'air est toujours chargé d'humidité par les exhalaisons maritimes, provenant du grand volume d'eau qui environne ce pays.

Les givres sont fréquents et se prolongent; on en voit souvent en mai, et ils causent quelquefois de grands dommages à la végétation. Les gelées tardives dont nous connaissons les désastreux effets dans une grande partie de la France, ne se font pas moins sentir en Angleterre ; cependant elles ne sont pas toujours aussi pernicieuses, parce que le soleil, qui, chez nous, darde déja avec force dans la saison où ces gelées arrivent, n'a pas autant de vigueur à pareille époque en Angleterre. Les brouillards font que le soleil ne se montre que lentement et progressivement, de sorte qu'il n'influe pas autant pour la destruction des parties tendres et sensibles des végétaux qui dans ce cas sont exposées à ses funestes effets. J'ajouterai à cela que le développement de la végétation étant relatif à la température, il doit être lent, et par conséquent moins sujet aux accidens qu'en France, où il s'opère presque simultanément, parce que le soleil réchauffe plus promptement l'atmosphère et la terre, qui concurremment produisent ce mouvement général qui est le réveil de la nature.

Nos saisons distinctes et caractérisées nous donnent un avantage sur l'Angleterre ; le plus souvent notre végétation suit régulièrement la période des saisons, et le bois de nos arbres atteint sa parfaite formation ; tandis qu'en Angleterre, au contraire, cette température variable, le passage subit du chaud au froid, et l'humidité constante, prolongent la végétation, sans terme bien fixe. Il arrive que le bois ne mûrit pas toujours bien ; il se trouve en partie détruit par le froid qui en paralyse la partie organique. Nous remarquons quelquefois ces effets en France, si le temps a dévié de son cours habituel, non-seulement sur nos végétaux délicats, mais aussi quelquefois sur nos végétaux ordinaires.

C'est ce qui arrive à nos vignes, si l'année a été humide et tardive, et je pense que c'est la raison pour laquelle les Anglais ne peuvent en avoir, et que le pêcher, si sensible aux influences des saisons, ne répond pas à leur attente.

Étant, pour ainsi dire, plus incertains que nous sur la température des saisons, les cultivateurs anglais ne vont qu'en tâtonnant, lorsqu'ils veulent exposer à l'air libre les végétaux qui restent en serre une partie de l'année. L'oranger qui maintenant est très répandu dans le centre de la France, et qui a reçu un perfectionnement de culture tel qu'il est devenu le plus rustique de nos végétaux de serre, se rencontre peu en Angleterre ; on le sort tard des serres, et on le rentre de bonne heure (je les ai vus en serre à la fin de juin), tandis que chez nous on le sort au commencement de mai, pour n'être rentré qu'à la mi-octobre. Les Anglais craignent, avec raison, pour cet arbre, le refroidissement de température, et surtout l'humidité si commune chez eux, et qui lui est si pernicieuse.

J'ai remarqué en Angleterre, que plusieurs plantes que nous rentrons en serre, au centre de la France, persistaient parfaitement en plein air, et d'autres, plus sensibles au froid, que l'on garantissait par des nattes seulement, pendant la rigueur de la saison.

En comparant la température des deux pays qui m'occupent, j'ai pu juger qu'il y a une différence, malgré la petite distance de l'un à l'autre (cependant l'année a été peu propre aux observations de ce genre); on ne doit pas s'en étonner si l'on réfléchit sur la position de l'Angleterre. J'ai quitté la France à la fin de mai, époque où la plupart des arbres du premier printemps sont ordinairement défleuris, et ceux du second déja avancés. J'ai trouvé en Angleterre ces mêmes arbres du premier printemps, qui commençaient seulement à entrer en floraison. La température en France, sans être chaude, était douce; et dès que j'ai mis le pied en Angleterre, je l'ai trouvée un peu plus froide. Le mois de juin, qui le plus ordinairement est chaud en France, était assez froid en Angleterre, quoique le soleil ait déja de la force à cette époque. Les soirées, les nuits et les matinées étaient froides, et le jour était chaud; et comme l'on me disait qu'il pleuvait souvent, je fus surpris de ne voir la pluie qu'une seule fois pendant l'espace de cinq semaines. Les cultures anglaises craignent moins les froids venus en saison convenable, que les intempéries qui sont toujours plus ou moins funestes aux végétaux. C'est ce qui fait que celui qui étudie le climat de l'Angleterre, et qui connaît celui de la France, n'est pas surpris de voir en pleine terre des végétaux cultivés en serre au centre de la France, et ceux qui pourraient être plus sensibles aux intempéries, être garnis de nattes.

Si la Grande-Bretagne est favorisée par son climat adouci, par l'humidité favorable au prompt accroissement des végétaux, la France ne l'est pas moins par cette variété de température locale, qui permet des productions différentes et variées, en rapport avec ses localités. C'est pourquoi nous avons de nombreuses ressources que tout autre pays ne pourrait offrir, et si nous pouvions en France consacrer de grandes sommes à la culture, comme on le fait en Angleterre, nous marcherions rapidement au perfectionnement horticultural. Les cultivateurs français ne manquent ni d'intelligence ni d'instruction ; mais leurs moyens intellectuels se trouvent paralysés par l'exiguité des moyens pécuniaires, et je suis convaincu que nous serions, encore plus avancés que nous ne le sommes, si ceux d'entre nous, qui sont dévoués à la chose publique, étaient encouragés comme on l'est en Angleterre.

Pour terminer cette partie, qui pourrait avoir plus d'extension, si je m'arrêtais aux détails de comparaison, je dirai, avec M. Soulange Bodin, qui a visité l'Angleterre, et qui a donné à la société Linnéenne de Paris (1) un résumé de ses observations dans ce pays, que le bel état des cultures anglaises me paraît être autant l'effet de l'industrie des cultivateurs que de l'heureuse influence de la température du pays, qui n'est pas sans quelques désagrémens.

(1) *Annales de la Société linnéenne de Paris*, vol. 3, pag. 305 et suiv.

CHAPITRE II.

SOL DE L'ANGLETERRE ET AGRICULTURE.

Je ne m'étendrai pas sur cette partie de la culture, qui a été développée en grand par plusieurs voyageurs plus habiles que moi; étant resté peu de temps en Angleterre, je n'ai pas pu faire assez d'observations en ce genre pour me permettre de la traiter en grand. Je me contenterai d'exposer ce que j'ai remarqué dans les lieux que j'ai parcourus : j'aime mieux être court en ne disant que ce que j'ai vu, que de m'étendre en puisant des matériaux dans les ouvrages publiés.

Le sol de l'Angleterre est très variable, mais les bonnes terres y abondent surtout dans les contrées renommées par leur fertilité. On y rencontre beaucoup de terre argileuse très fertile, et surtout du *loam* (1)

______

(1) « Ce mot n'a pas de correspondant en français. On doit « entendre par *loam* un sol d'une adhérence moyenne; il « en a moins que la glaise et plus que la craie. *Kirwan*, dans « son *Mémoire sur les engrais*, cite d'autres définitions de dif- « férens auteurs; mais il préfère celle-ci. Le loam formant « un genre particulier de terre, les Anglais le sous-divisent « en loam glaiseux, crayeux, graveleux, sablonneux, fer- « rugineux ou till. » (*Traité des Engrais*, par F. G. Maurice).

de diverses espèces qui est si convenable à toutes sortes de végétaux.

L'industrie nationale a donné aux cultivateurs anglais tous les moyens de tirer un parti avantageux de leur sol en forçant la nature, par les soins de l'art, de se plier à leur volonté en rendant, à l'agriculture, des terrains qui étaient sans valeur avant qu'ils les fertilisassent. Des amendemens et des engrais donnés avec discernement, des défrichemens de landes, des assainissemens de marais, et en général des améliorations locales, donnent à ces habitans le droit de se placer au premier rang pour l'agriculture. On ne voit pas le plus petit coin de terre inculte; même les plus infertiles se trouvent utilisés selon ce que l'intelligence a su leur approprier.

Les soins d'entretien, auxquels ils se livrent avec assiduité, sont remarquables; leurs campagnes sont toujours propres comme de grands jardins. On ne voit pas de végétaux parasites s'emparer du terrain aux dépens de ceux que l'on cultive, et cette netteté concourt à la prospérité. La presque uniformité du sol ne permet pas, comme en France, une variété de productions dans les grandes cultures; ils se contentent de produits utiles et indispensables, et ont recours au dehors pour se procurer tout ce dont ils ont besoin et qui leur manque; mais il paraît qu'en général il y a peu de pays, comme l'Angleterre, pour avoir moins de terres incapables de culture.

Si les grandes cultures sont aussi heureusement ordonnées, les petites cultures ont relativement des avantages remarquables. Les terres de jardin sont excellentes ; elles sont bien améliorées par les engrais qu'elles reçoivent et les soins qui les entretiennent. Les dépenses ne sont pas épargnées pour rendre extrêmement productifs ces terrains destinés à servir l'économie domestique et le luxe horticultural ; aussi voit-on ce bel art, l'agriculture, dans un état brillant de prospérité et voisin du perfectionnement. Disons aussi que si cet art est suivi avec méthode et avec l'esprit de perfection, les hommes qui l'exploitent obtiennent une haute distinction. Les seigneurs, grands propriétaires, savent encourager par l'exemple et payer un juste tribut de reconnaissance pour les efforts que font par goût ceux qui sont appelés à diriger et à conduire ces précieuses exploitations ; et les rois eux-mêmes sacrifient de frivoles agrémens à ceux plus solides que procurent les occupations champêtres. Windsor, où se trouve la plus belle résidence royale de l'Angleterre, offre un très grand parc, dans lequel une grande partie est destinée à des expériences agricoles. On y voyait autrefois plusieurs fermes, dont chacune était cultivée selon la méthode d'une province : on en voit encore deux, celles de Norfolk et de Flandre.

Que des peuples sont heureux lorsqu'ils sont encouragés par leur roi, qui ne dédaigne pas de descendre du sommet de la grandeur royale pour prendre part aux travaux agricoles qui font le bonheur de ses sujets! Nos voisins d'outre-mer n'auront pas seuls un si grand avantage ; le monarque qui gouverne la France s'est rendu protecteur de la culture et l'a prouvé en adressant déja à diverses sociétés d'agriculture de son

royaume, des paroles pleines de bonté, en devenant
le fondateur d'un institut qui doit former d'habiles
cultivateurs en tout genre (l'école royale de Gri-
gnon.), et en permettant de le placer en tête de
la liste des membres de la société d'horticulture
de Paris, dont on a lieu d'espérer quelques heureux effets. Les princes et princesses suivent ce
noble exemple, et prouvent que leur sollicitude bien-
veillante a toujours pour objet le bonheur de la France
en daignant prendre intérêt à la culture.

En entrant en Angleterre, on s'aperçoit d'un autre
genre de travail pour la culture; au lieu de voir,
comme en France, des plaines immenses appartenant
à divers particuliers, sans distinction bien apparente,
on remarque des champs plus ou moins grands, propriété individuelle entourée de haies. En cela j'admire
la France qui, comme je viens de le dire, ne présente
point de division marquée dans ses grandes cultures,
ce qui en masse fait une augmentation de terrain;
mais en dédommagement, en Angleterre, on voit
beaucoup moins de terres incultes que chez nous.

Pour les productions, j'y ai vu beaucoup de blé qui
est très beau; peu de seigle, encore moins d'avoine
et d'orge. On remarque des champs immenses couverts de féverolles (*faba minor*) que l'on cultive particulièrement pour la nourriture des chevaux. Les
champs sont entretenus par un binoir à cheval qui
passe entre les rangs. Il en est de même pour les pommes de terre que l'on cultive en grand et dont les
touffes sont assez espacées pour que ce simple instru-

ment passe entre. On voit aussi de très grandes
pièces de houblon dont les pieds sont assez dis-
tans les uns des autres pour en faciliter l'accroissement qui est considérable. Chaque individu est
soutenu par une gaule qui n'a pas moins de vingt
pieds.

Les vallées sont toujours garnies de blé qui y vient
fort bien ; les lieux bas et humides, de prairies her-
beuses excellentes ; les collines, de prairies artificielles
et de pâturages abondans ; ces derniers sont composés
d'une herbe fine et épaisse qui paraît être bien nu-
tritive. C'est une chose admirable que ces sortes
de cultures en pâturages, ordinairement entourées
de barrières rustiques qui leur donnent un aspect
vraiment gracieux : des routes circulaires et parfaitement entretenues facilitent la promenade autour de
ces pâturages. Indépendamment de ces pâturages secs,
on en rencontre d'autres dans les lieux bas et surtout
sur le bord des rivières ; les rives de la Tamise en offrent beaucoup : ils sont habités par de nombreux
troupeaux de moutons qui ne rentrent aux bergeries
que pendant les froids. On prétend que les moutons
ainsi exposés ont une laine très fine. On voit en général, sur tous les pâturages, beaucoup de vaches et
de chevaux ; ces derniers auxquels on sacrifie des
sommes considérables, sont un objet principal de luxe
en Angleterre (1).

____

(1) On rencontre rarement des chevaux médiocres en Angleterre, même les chevaux de service pour les voitures pu-

On rencontre beaucoup d'arbres fruitiers dans les prairies et autour des habitations de campagne, tels que pommiers, poiriers, et cerisiers; l'état de ces arbres est digne de remarque, on voit toujours leurs troncs très propres; les mousses et les lichens s'y fixent moins que chez nous parce que ceux qui commencent à en être attaqués sont couverts d'un lait de chaux qui les détruit promptement. On ne leur voit pas de branches sèches ni de têtes confuses; ils sont nettoyés chaque année et dégarnis à l'intérieur aussi souvent qu'il est nécessaire pour donner un libre accès

bliques et les charrois ordinaires sont remarquables; ils sont entretenus dans le plus grand état de propreté. Les hommes auxquels ils sont confiés en ont un soin particulier, ils les frappent rarement et les habituent plutôt à craindre à la parole qu'à la verge. Ils sont toujours richement ou proprement harnachés, et j'ai vu avec plaisir qu'on porte grande attention à ce que les harnais ne les blessent pas. J'ai examiné tous les chevaux qui se trouvaient sur mon passage, et je ne me suis jamais aperçu qu'ils aient la moindre blessure. J'ai cru remarquer que les relais de poste étaient plus courts qu'en France, et dans les intervalles on fait une pose : ce temps de repos est bien récupéré par la constante célérité de leur allure. Les voitures de luxe, publiques, ou de charroi, sont beaucoup plus légères que les nôtres; c'est un avantage inappréciable pour la conservation de ces précieux animaux. Ce qui contribue aussi essentiellement à leur conservation, ce sont les routes qui sont en général parfaitement entretenues; dans tel lieu que l'on aille, on les trouve toujours très unies. L'entretien, qui en est certainement considérable, se fait aux frais publics; c'est-à-dire qu'il y a une taxe imposée par distance pour chaque cheval.

à l'air. On voit très peu de pruniers, d'abricotiers
et d'amandiers ; il paraît que le climat n'est pas favo -
rable à ces sortes d'arbres.

Les campagnes présentent l'aspect le plus riant ;
tout y respire l'aisance et le bonheur ; la végétation
répond aux soins de culture, et tout concourt à trans-
former les endroits les plus simples en des lieux déli-
cieux. On ne voit pas, comme en France, des tas de
fumier ou d'immondices encombrant le devant des
habitations ou obstruant de petites cours ; chaque
chose a une place distincte qui occupée plaît à l'œil.

Les forêts sont peu nombreuses, je n'ai remarqué
que des petites parties en bois taillis dont les espèces
d'arbres qui les composent ne diffèrent pas des nôtres,
et d'autres parties où l'on peut voir des arbres d'une
élévation remarquable. En général, la végétation est
active et riche d'effet. Dans plusieurs endroits, j'ai
rencontré des plantations d'arbres verts en carrés plus
ou moins grands, de pins sauvages, epicea, sapinettes
blanches et mélèses ; leur bel état permet de croire
qu'ils se plaisent dans ces endroits.

CHAPITRE III.

HORTICULTURE.

Réflexions générales.

L'horticulture fait des progrès rapides en Angleterre, et maintenant cette belle branche de la culture est, pour ainsi dire, devenue un besoin. Chacun, soit par goût, soit par luxe, soit enfin par imitation, s'en occupe ; les fleurs sont chéries : les dames
leur rendent hommage et s'en parent, les gentils-
hommes en promenade, en mettent à leur bouton-
nière, et les gens du peuple sont glorieux de porter
des bouquets ; comme chez nous, les fleurs ornent les
appartemens et président aux festins, et enfin, on en
voit communément partout. Les fruits ne sont pas
moins recherchés : les Anglais font grand cas d'un beau
et bon fruit qu'ils savourent ; aussi commencent-ils à
s'occuper des arbres fruitiers qui, d'après ce que j'ai
pu remarquer, n'avaient pas été bien exactement
suivis jusqu'à présent.

Les jardins sont beaux, élégans et richement pa-
rés, l'ordre règne dans leurs travaux, et c'est avec une

grande pureté de goût que se développe chaque culture qui a toujours le caractère qui lui convient. Les
horticulteurs savent mettre à profit tous les emplacemens en disposant avec sagacité les végétaux qui doivent y tenir place ; c'est pourquoi les cultures anglaises
ont une si haute réputation : réputation qui leur est
justement acquise par les soins entendus qu'ils donnent
à chaque chose.

Tous les propriétaires sont amateurs ; le goût des
jardins s'étend depuis le grand seigneur jusqu'au
plus simple gentilhomme; tous font de grands sacrifices pour la culture, et ne négligent aucune occasion
pour accroître leurs richesses végétales, sans épargner
les dépenses que nécessite leur conservation. Ce pen-
chant vers des goûts simples les rend heureux, ils se
font un délice de leurs jardins; délice d'autant plus
goûté que la plupart sont connaisseurs.

On doit bien penser que dans un pays où on prend
un si grand intérêt à la culture, le cultivateur s'en ressent, et qu'il reçoit le dédommagement de ses peines par
la satisfaction qu'on lui fait journellement éprouver.
Un cultivateur est traité avec déférence, et ses talens
sont appréciés.

Si la culture a pris un beau développement en Angleterre, et si elle marche si rapidement vers le perfectionnement, c'est que tous les efforts sont dirigés
vers ce but ; le maître sait entretenir les jouissances
que le jardinier accroît et perpétue.

On ne s'étonnera pas de voir les cultivateurs jouir
de quelque considération en Angleterre, lorsque l'on

saura que ces hommes sont ordinairement instruits; en
entrant dans la carrière culturale, ils ont cette bonne
instruction première qui sert de fondement au succès
de toute espèce d'occupation ; sans aucun préjugé
d'enfance, et sans cette triste routine, héritage de
famille, ils sentent combien ils ont à faire pour devenir bons cultivateurs: c'est alors qu'appelés à étu-
dier dans le grand livre de la nature, et à opérer dans
ce grand laboratoire perpétuel, joignant le travail du
corps à celui de l'esprit, ils fortifient leur jugement par
la réflexion et le raisonnement, et deviennent habiles
praticiens et bons observateurs.

On aime à rencontrer dans ces cultivateurs des
hommes à qui les sciences naturelles ne sont pas
étrangères; ils sentent que la physique, la chimie et
la botanique leur sont nécessaires pour se rendre
compte des phénomènes qui se rencontrent journellement dans le cours de leurs opérations. L'ordre qu'ils
apportent dans leurs études, leur donne cet esprit d'ordre que l'on remarque dans leurs travaux, et la jus-
tesse de leurs idées produit une noblesse de caractère
qui les fait distinguer dans la société où ils tiennent
le rang que leur mérite l'instruction dont ils sont
doués.

Les horticulteurs anglais prennent tous les moyens de
faire prospérer l'art qu'ils professent, ils font des élèves
qu'ils encouragent par l'exemple et par les soins qu'ils
prennent pour les former. J'ai vu avec plaisir que les
jeunes cultivateurs, c'est-à-dire, ceux qui s'occupent
de cultures d'une manière spéciale, sont distingués de

ces hommes laborieux, bien recommandables sans
doute, mais qui n'ont aucune prétention à la science.
Ils savent classer les hommes comme ils classent les
choses; et les résultats les plus heureux découlent de
cette bonne méthode. En cela, j'ai trouvé une différence
sensible avec ce qui se fait en France, où tout est confondu, où l'élève studieux est, pour ainsi dire, ignoré,
et où le cultivateur instruit a de la peine à trouver la
place qui lui convient dans l'échelle sociale. Il y a encore peu de temps que ces hommes modestes osent
faire entendre leur voix pour instruire leurs semblables; l'obscurité qui les environnait les resserrait
dans une sphère trop étroite pour leur permettre
d'étendre leurs idées et de les développer.

En Angleterre, les jardins marchands en général,
d'après ce que j'ai pu voir, ne sont pas moins beaux
dans leur genre que les jardins particuliers, et l'on serait porté à croire que ceux qui les exploitent, travail-
lent moins pour eux que pour l'avancement de l'horticulture. En parcourant ces établissemens, on se
trouve comme électrisé à la vue de tous les végétaux qu'ils ont le talent de placer dans une égale évi-
dence; on est émerveillé au point, que si l'on est indifférent en entrant, l'on sort l'imagination frappée de
tout ce que l'on a admiré. Ce moyen qu'ils savent si
bien employer leur réussit parfaitement, et ces cultivateurs contribuent beaucoup à accroître le goût et à
faire aimer une des plus belles occupations humaines.

Je n'omettrai pas de dire que, si l'on voit en Angleterre des cultures aussi brillantes, l'on ne doit

pas oublier que les fortunes y sont nombreuses et colossales, ce qui permet aux propriétaires de faire des dépenses que les jardiniers savent encourager.

Je me suis attaché à ces détails qui paraîtraient futiles à tout voyageur qui ne recherche que les causes sans consulter les effets. En entendant continuellement citer l'Angleterre comme modèle, j'ai dû m'instruire de tout ce qui contribuait à lui donner cette réputation. Je crois que ces remarques ne seront pas déplacées dans cette relation où je rappellerai qu'une partie, quelle qu'elle soit, ne devient prospère qu'autant qu'on la conduit avec intelligence et discernement pour tous les détails qui s'y rattachent.

Si nous sommes autant en arrière en France pour la culture, condamnons-nous en réfléchissant sur l'état d'engourdissement dans lequel nous étions plongés. Nous sentons aujourd'hui le besoin d'avancer, et nous savons que le perfectionnement est le but vers lequel tendent tous les efforts des classes industrielles ; espérons que nous ferons usage des facultés qui caractérisent les Français, et que, par nos efforts et nos échanges de communications, nous parviendrons aux heureux résultats après lesquels nous aspirons.

CHAPITRE IV.

DES JARDINS EN GÉNÉRAL.

Que l'on ne s'attende pas à trouver en Angleterre des jardins comme ceux des Tuileries et du Luxembourg; des parcs comme ceux de Versailles et du grand Trianon, ni de belles promenades comme les champs Élisées de Paris, les boulevards de cette capitale et ceux de nos grandes cités. Les Anglais n'admettent de régularité que dans leurs constructions et ils ne connaissent pas cette majesté d'art pour leurs jardins : leurs palais ne le permettent pas. Ils n'en ont qu'un proprement dit, (une résidence royale) que l'on puisse qualifier ainsi ; c'est Windsor, où il aurait été difficile, par la localité, de faire un jardin régulier qui se trouvât en rapport avec la construction du palais. Mais s'ils n'ont pas ce luxe imposant et cette noblesse de style qu'on admire dans les jardins de nos palais, ils ont une nature embellie et rendue bien gracieuse par l'art. Chez eux, on trouve le type des jardins anglais et paysagers; ils excellent dans ces genres. Les beaux jardins, que nous citons en France pour être remarquables dans le genre qu'ils recherchent,

ne sont pas pour la plupart comparables aux leurs,
c'est-à-dire à ceux de leurs jardins qu'ils citent. Ils ont
un talent particulier pour développer les plus belles
scènes, ils les rendent riches d'effet et étonnantes de
vérité. Leur campagne étant naturellement belle, et
comme je l'ai dit, toujours très propre, ils ont plus de
soins à donner à leurs jardins pour faire préférer les
enclos ornés à la nature sauvage ou simplement cultivée.

Les jardins anglais sont remarquables par leur caractère distinctif, j'entends par là, qu'on ne confond
pas les genres, et qu'on fait une distinction du jardin
anglais proprement dit, qui est une nature ornée de
toutes les richesses de l'art et entretenue avec luxe,
avec le jardin de pays qui n'est qu'une nature simplement parée et soignée. Ces deux sortes de jardins
se font admirer jusque dans leurs moindres parties; les
mouvemens de terre sont simples, mais gracieux, on ne
passe pas brusquement de la profondeur à l'élévation ;
les allées sont très agréablement arrondies, les massifs
tiennent fort utilement leur place pour décorer la scène;
les jardiniers savent effacer les limites, étendre le terrain, et accompagner les gazons ; ils lient les plantations isolées, quelquefois les rappellent, et forment les points de vue en les encadrant. Les gazons
ont un beau développement, ils s'élargissent en prairies
et se rétrécissent sous bois ; ces effets variés présentent
à l'œil une surface irrégulière qui a un double charme
par de douces ondulations auxquelles on a soumis le
terrain. Ces scènes factices, toujours difficiles à rendre,

leur réussissent parfaitement, et l'on peut voir que sans efforts ridicules les artistes anglais ont soumis le terrain à leur volonté.

Les pièces d'eau, lacs et rivières ont des contours doux et gracieux ; les rives sont adoucies ou élevées selon les lieux et les scènes, et la dimension de ces pièces d'eau est proportionnée à l'étendue du terrain.

Les ponts sur les rivières, ou sur les tertres destinés à lier une partie avec une autre, sont utilement placés, et leur architecture est toujours en rapport avec les localités. Les rochers sont motivés, et l'on est prévenu de l'imposante aridité qu'ils représentent par des préludes de la scène. Les temples, les kiosques, les pagodes, et enfin les fabriques quelles qu'elles soient, riches ou simples d'architecture, occupent la place qui convient au caractère que l'on veut donner ou qu'il est nécessaire de donner au lieu.

Pour les plantations, c'est un vrai tableau composé par un peintre qui sait varier les masses par des teintes différentes. L'uniformité est brisée par les contrastes que peuvent procurer les variétés de feuillages. Les arbres et arbrisseaux sont placés selon leur accroissement, de manière à ce que chaque individu produise, soit isolément soit en masse, son effet, sans être gêné par un autre. Les points de vue, objet principal pour la beauté d'un jardin, sont bien sentis par les plantations d'arbres en masse ou isolés. Le choix des plants, selon les localités, pour leur donner de l'expression, est bien conçu, et enfin j'ai pu voir qu'ils savent fixer chaque chose en s'attachant à en faire ressortir les effets ; aussi rencontre-t-on toujours une harmonie non interrompue.

On peut trouver en Angleterre la différence qui existe entre les jardins anglais et les jardins paysagers ; ces derniers sont tout-à-fait en rapport avec les localités, c'est-à-dire qu'ils profitent des environs de la propriété pour s'y joindre, afin de présenter une plus grande étendue; étendue qui paraît quelquefois indéfinie, sans que l'on puisse y rencontrer la moindre dissonance. Ce genre est toujours agréable lorsque l'on est favorisé d'un beau site, et surtout lorsque l'on est avoisiné d'une rivière, tel que je l'ai rencontré en longeant la Tamise de Londres à Kew et au-delà. Au centre de ces sortes de jardins on croit être transporté au milieu d'une campagne: les plantations se lient à celles du dehors et s'y rapportent d'autant mieux qu'elles sont composées d'individus de même espèce. Les gazons sont de vastes prairies couvertes d'un foin abondant dont l'exploitation anime le paysage; d'autres parties en pâturages entourés de barrières rustiques, ont une similitude frappante avec nos haras français. Ces pâturages sont fréquentés par des chevaux, par un grand nombre de cerfs, de biches et quelquefois par des vaches. On y trouve quelques fabriques, construites dans le goût le plus simple, en rapport avec le paysage, et qui rappellent les constructions environnantes.

Nous avons aussi plusieurs beaux jardins en France qui méritent d'être cités ; mais on ne peut généralement le faire avec autant de conviction qu'en

parlant de ceux de l'Angleterre. La plupart sont des
jardins de fantaisie, mélange de goût plus ou moins
bizarre, qui n'offrent aucun caractère distinctif. Je
crois que nous ne consultons pas assez la nature, nous
voulons produire de grands effets, mais par là, nous
altérons l'élégante simplicité ou le luxe qui convient
aux scènes que l'on doit rendre naturelles en le laissant toujours apercevoir sans prétention; et comme je
le disais précédemment, si nous avons à montrer des
chefs-d'œuvre en jardins d'une majestueuse régularité,
et d'une pompeuse grandeur, les Anglais nous mon-
treront des jardins très simples qui ont le mérite d'une
perfection qui ne paraît pas prétentieuse.

Notre célèbre architecte en jardins, Gabriel Thouin,
sentait vivement tous ces effets, et avait le rare talent
de donner à chaque jardin le caractère qui convenait
à la localité, et toujours en conservant le goût du propriétaire quand il le reconnaissait de quelque intérêt.
Nous avons à regretter qu'il n'ait pas eu à exploiter
autant et d'aussi vastes terrains que nous pouvons en
voir en Angleterre, nous aurions certainement en
France de beaux modèles à offrir. Nous devons à Ber-
theault et Hurtault la plupart de nos beaux jardins,
et si la mort n'avait pas frappé si tôt ces hommes célèbres, ils nous auraient laissé plus de monumens.

Malgré tout le plaisir que j'aurais, il m'est impossible de citer ici des jardins français comparables à ceux
de Stow, de Kew, de M. le duc de Northumberland,
Brentford, de Windsor, et enfin à plusieurs autres
non moins dignes d'admiration dont on m'a parlé et

que je n'ai pas vus. Cependant je puis rappeler ici les jardins de Madame, duchesse de Berry, à Rosny, et de monseigneur le duc d'Orléans à Neuilly : leur belle disposition et la rivière qui baigne leur limite, permet de croire que la campagne qui les borne en est une prolongation. Dans ces citations je n'omettrai pas le jardin du petit Trianon qui attire sans cesse un grand nombre de curieux français et étrangers, et qui n'est pas sans mérite, comparé même aux jardins de l'Angleterre. On y admire plusieurs parties que l'on regarde avec raison comme parfaitement terminées ; les scènes qu'elles représentent par leur belle simplicité et par une délicatesse exquise de goût, sont rendues avec vérité sans qu'elles se ressentent d'aucun effort de l'art ; mais il est fâcheux qu'on ne puisse parler en général et que l'ensemble ne présente pas tout ce qu'on aimerait à trouver dans ce beau jardin. Je m'arrête : il ne m'appartient pas de critiquer ; ma courte expérience me le prescrit ; je me borne en restant l'écho des artistes qui ont plus de droit que moi à porter un jugement. Avant de quitter ce lieu, je dois dire qu'il offre des effets de plantation qui lui sont particuliers ; plusieurs arbres abandonnés à leur accroissement naturel produisent l'effet le plus pittoresque ; plusieurs ont une beauté de port et une force telle pour leur espèce, qu'il serait difficile d'en rencontrer de semblables. J'ai vu plusieurs autres jardins au nord et à l'ouest de la France qui sont remarquables ; il y en a aussi quelques-uns dans les environs de Paris que l'on voit avec plaisir, mais je ne

puis pas m'empêcher de dire qu'ils manquent de cette
vérité que l'on rencontre dans les jardins de l'Angleterre.

OBSERVATIONS QUI CONCERNENT LA PRATIQUE.

Nous venons de considérer les jardins en artistes ;
il convient maintenant de les voir en cultivateurs, et
pour cela, il est important d'entrer dans tous les
détails d'entretien qui contribuent à la beauté d'un
jardin.

D'après ce que j'ai pu observer, il m'a paru que les
Anglais ont un talent particulier pour tirer tout le
parti possible d'un domaine, soit par goût naturel
pour les choses simples et utiles, soit par réflexion
pour tout ce qui est bien, soit enfin par l'esprit d'ordre qui les guide dans tout ce qu'ils font. Ils s'ar-
rangent de manière à trouver commodité et agrément, et ils satisfont l'œil et l'esprit : cette harmonie
est certainement une preuve de bon goût. En pénétrant dans chaque propriété, on verra toutes les cultures distinctes, et placées de manière à ne pas détruire
l'effet d'une autre ; chacune se fait admirer dans son
genre, en laissant à l'imagination la satisfaction de
se repaître agréablement. Cette ordonnance si bien
combinée permet à l'observateur de réfléchir sur chaque chose, et de juger isolément des effets ; elle permet
aussi au simple curieux, aux promeneurs, de jouir de
tout avec un égal agrément ; et ce qu'il y a de plus

important, elle facilite au cultivateur le moyen de distribuer ses travaux avec ordre, et de voir chaque objet avec cette liberté d'esprit dont on ne peut aussi bien jouir dans un chaos de choses qui doivent occuper plus les unes que les autres. Cet avantage commence à être senti dans les cultures françaises, et l'on verra certainement peu à peu cet esprit d'ordre s'y propager. On conçoit cependant qu'il serait difficile, dans un petit espace, de distinguer chaque culture ; on veut souvent en réunir plusieurs genres, et les soins d'un entretien parfaitement suivi peuvent seuls effacer cette espèce d'irrégularité.

J'aurai occasion de parler des jardins d'ornement et marchands anglais ; je ne m'arrêterai ici que pour faire quelques remarques particulières.

Les allées dans la plupart des jardins anglais sont toutes solides ; c'est-à-dire que le sable qui en couvre la surface est uni à la terre par l'emploi d'une espèce de mastic qui lie le tout ensemble. On n'y rencontre jamais d'herbe, parce qu'il en pousse peu, et parce que l'on nettoie souvent. On doit bien penser que l'on fait peu d'usage de râteaux pour ces allées ; on se sert ordinairement de balais.

Les bordures des gazons sont toujours propres et nettes ; l'herbe y est coupée souvent, et les filets sont ébarbés avec des ciseaux, à manches courbés, de trois pieds de longueur, qui ont l'avantage de ne pas fatiguer l'ouvrier qui s'en sert, et de protéger les filets mieux que la faux.

Les gazons sont pour la plupart remarquables : cependant je m'attendais à en rencontrer beaucoup plus dans l'état où on nous les cite en France. Le plus souvent ils ne sont composés que d'une herbe ordinaire, qui n'est agréable que par l'entretien : on retire toutes les plantes adventices ; on fauche souvent ; on les roule plusieurs fois dans l'année et on les couvre d'engrais ; c'est ce qui fait que quoique composés de graminées communes, ils sont toujours très beaux.

Il y a cependant une grande différence entre ces gazons et les pelouses que l'on voit couvertes d'une herbe fine, courte et d'une belle verdure. C'est un beau tapis très-uniforme, également garni, qui embellit le jardin, et repose très agréablement la vue : on fauche très souvent ; et pour cette opération on se sert de faux à entes courbées, qui donnent la facilité de faire un fauchage plus uni. Ces faux sont différemment emmanchées, de manière à ce que la forme de l'instrument soit en rapport avec l'irrégularité du terrain. Cette méthode d'emmanchement a aussi l'avantage de ne pas fatiguer autant les ouvriers (1). L'herbe provenant du fauchage se ramasse toujours au balai.

Les massifs sont toujours propres, et ils ont soin de les tenir bombés au centre, ce qui fait toujours très bien : les contours de ces massifs sont marqués par

(1) Les Suisses ont aussi une manière d'emmancher leurs faux qui m'a paru fort ingénieuse. Il se fait plus d'ouvrage avec moins de fatigue, et le travail n'est pas moins bon. J'ai été à portée de faire cette observation chez mon père qui occupe quelquefois des Suisses dans ses travaux.

des bordures de gazon qui ont de dix à quinze pouces de largeur.

Les arbres plantés en masses ou isolés, ne reçoivent aucun soin d'entretien, c'est-à-dire, qu'on les laisse croître naturellement : souvent on voit des branches pendantes jusqu'à terre, ce qui produit un fort bel effet. Quelquefois ces arbres affectent des formes que l'on a garde de détruire ; ils présentent alors un port pittoresque qui rappelle la marche irrégulière de la nature dans les êtres assujétis à ses lois.

Les massifs composés de plantes de l'Amérique septentrionale de la famille des *rosages*, des *bruyères*, des *magnolia*, etc., y sont communs, et produisent un très agréable effet. Les plantes que nous cultivons encore en terre de bruyère, sont cultivées en Angleterre dans cette terre des champs qu'ils nomment loam, et que nous avons précédemment signalée. Elle est légère, plutôt sablonneuse qu'argileuse (1); et pour une grande partie des végétaux, elle remplace dans ce pays avec avantage la terre de bruyère : les plantes qui sont substantées par elle se portent parfaitement, et elle contribue même à les rendre plus robustes. Pour en faire usage dans les jardins d'ornement, les Anglais font comme en France

(1) J'ai rapporté de cette terre pour connaître par l'analyse ses parties constitutives, afin de voir si nous n'en aurions pas en France une qui fût en rapport avec elle et qui pût nous rendre les mêmes services. Je fais connaître dans un des chapitres suivans le résultat de mes observations à cet égard.

des fosses destinées à la recevoir, mais ils ont soin que la superficie de ces fosses comblées, soit plus basse que l'encaissement ou le sol naturel, afin que les plantes qui y sont placées reçoivent plus d'humidité par l'égoût des terres environnantes. Ce qui me prouve que ce simple procédé est bon, c'est que j'y ai vu en général des plantes plus fortes que les nôtres.

A l'égard des plantations, il est encore un effet dont ils savent tirer un grand avantage, et que nous négligeons peut-être trop en France ; ce sont les bosquets d'hiver que nous connaissons, mais que nous mettons rarement en pratique, composés d'arbres et d'arbustes résineux et à feuilles persistantes ; ils donnent dans chaque saison de l'année une fraîcheur de parure, que l'on apprécie surtout pendant le repos de la nature, époque où ces arbres semblent reprendre une nouvelle vie, pour rompre l'uniforme monotonie de la saison.

CHAPITRE V.

JARDINS DE VILLE ET PLACES PUBLIQUES (*squares*).

Jardins de ville.

Le goût des jardins est si prononcé en Angleterre, que l'on en rencontre devant presque toutes les habitations. Dans les villes et les villages, à Londres même, on en voit dans presque toutes les rues : ce sont des terrains qui ont toujours la largeur de la maison, et qui sont d'égale longueur pour former une ligne droite sur la rue. Le tracé en est varié, il est simple et régulier dans les petits espaces, et irrégulier dans les terrains plus spacieux.

Quant aux végétaux qui meublent ces sortes de jardins, ils sont d'espèces ou variétés différentes, à peu près les mêmes que celles qui composent nos plantations ; mais on rencontre beaucoup d'arbustes à feuilles persistantes, tels que laurier tin (VIBURNUM *tinus*); azarero (PRUNUS *lusitanica*) ; lauriers cerises (PRUNUS *laurocerasus*); ifs (TAXUS *baccata*); beaucoup de houx de panachures variées, de rhododendrons, et surtout celui du Pont (RHO-

DODENDRUM *ponticum*). J'y ai vu aussi beaucoup de
genêts blancs (SPARTIUM *album*) très beaux, et une
variété de faux ébénier d'Ecosse (CYTISUS *scoticus*),
qui fait un très bel effet par les longues grappes de
fleurs pendantes et par son port très élégant. On voit
dans ces jardins, en végétaux herbacés, peu de plantes
nouvelles ou rares.

Les jardins sont divisés par des haies, et les murs,
quand il y en a, sont garnis de plantes grimpantes ou
quelquefois de figuiers ou de groseilliers à grappes, palissés à la loque; ils sont très élégamment fermés sur
le devant par des grilles en fer de formes variées, posées sur un petit mur d'appui très peu épais et peu
élevé, et surmonté de dalles bombées qui laissent
échapper l'eau. Dans plusieurs endroits, au lieu de
dalles ce sont des plaques de fer fondu. Il y a des pi-
lastres fort élégans qui indiquent l'entrée.

Je donne ici la figure de ces sortes de jardins. La
pl. Ire représente l'élévation de quatre maisons anglaises, devant lesquelles se trouvent les jardins que je
viens de citer; la *pl.* II représente le plan des jardins
de ces quatre habitations.

Places publiques (*squares*).

Dans les villes et villages d'Angleterre on aime à
voir les places publiques qui sont très élégamment
ornées, ce sont des jardins plus ou moins grands selon l'étendue du terrain. Ces jardins sont de formes

variées, mais ceux qui ont un peu d'étendue ont toujours pour ceinture un beau massif d'arbres et d'arbustes placés selon leur élévation, en diminuant de
hauteur sur l'allée circulaire qui accompagne ce massif et qui fait le tour du terrain. On y voit une belle
pelouse plantée d'arbres, soit isolés, soit en masse,
et quelquefois en massif: ils sont entourés de grilles
de fer. On voit beaucoup de ces *squares* dans Londres;
j'ai visité plusieurs villes d'Angleterre où j'en ai remarqué de semblables. La ville de Brighton en présente
deux qui sont très beaux par leur position ; un surtout, qui vient aboutir sur le port, produit avec
la mer et les constructions qui l'entourent un effet
charmant. Je donne dans la planche III le plan d'un
de ces *squares*, c'est un des plus simples de ceux qui
existent dans la ville de Londres.

CHAPITRE VI.

PARCS ET JARDINS.

Je parlerai d'abord des parcs publics qui se trouvent à Londres ou dans le voisinage et qui servent de promenade libre aux habitans. Celui que j'ai visité le premier est *Greenwich* auprès de Londres : c'est un grand enclos dans lequel il y a de belles plantations en avenues ou d'arbres isolés, et des prairies qui servent de pâturages aux bestiaux ; pour allées, ce sont des chemins tracés irrégulièrement par les piétons. Il y a de très beaux pins sauvages (PINUS *sylvestris*) qui ont un port remarquable ; ils sont distingués par leur vétusté ; il y a aussi de très belles épines blanches (MESPILUS *oxyacantha*) placées isolément, très grosses et faisant un bel effet pendant leur floraison. Au sommet d'une colline du parc se trouve l'observatoire, où l'on va ordinairement pour jouir de la vue de Londres et des environs, tableau admirable quand le temps est clair. Près de cette colline, s'en trouve une autre non moins élevée sur le sommet de laquelle croît un gros orme : de ce point la vue est encore assez étendue. Le parc est riche en accidens de terrain, mais il n'offre rien d'extraordinaire :

3

c'est un parc naturel qui serait mieux caractérisé si l'on y rencontrait quelques fabriques. Les pâturages que l'on y voit sont fréquentés par des cerfs et des biches.

Le parc du régent (*regent's park*) situé à Londres, présente un grand espace de terrain dans lequel se trouve un beau jardin anglais entouré de grilles en fer d'une élégante simplicité. Le tracé ainsi que les plantations de ce jardin m'ont paru bien entendus. La plupart des gazons sont composés d'herbes ordinaires; on trouve cependant quelques parties en herbe fine ou en gazon anglais; les uns et les autres sont dans un bel état. Il y a une rivière dont les contours sont très gracieux, et de grandes parties en pâturages qui sont entourées de barrières rustiques, et sur lesquelles paissent des chevaux et des vaches.

On trouve près de ce jardin, toujours dans l'enclos nommé *regent's park* qui occupe un assez grand espace de terrain, le jardin de la société zoologique (1). Ce jardin quoique d'une très nouvelle formation n'est pas sans agrément ; il est de forme anglaise et contient

____

(1) Ce jardin appartient à la société zoologique de Londres, qui possède aussi un cabinet d'histoire naturelle déja très curieux ; les collections commencent à s'étendre, elles sont bien préparées et bien entretenues ; on y trouve des oiseaux, des quadrupèdes, des insectes, quelques coquilles, des poissons, des reptiles, et plusieurs beaux madrépores. J'y ai remarqué plusieurs champignons (bolets) d'une grandeur surprenante, qui avaient parfaitement la forme de grands vases. On y voit aussi une fort belle collection de perroquets vivans.

un grand nombre de pavillons rustiques ou fabriques
servant de cabanes aux animaux qui appartiennent
à la société. On y remarque des volières qui font un
très bel ornement. Ce jardin m'a paru très bien fait,
l'entretien en accroît la beauté. Chaque chose est artis-
tement placée de manière à produire un effet nouveau,
et le terrain, quoique très resserré, paraît avoir plus
d'étendue par les dispositions du tracé des plantations
et la variété que l'on y trouve. Lorsque les plantations auront plus d'âge ce jardin ne sera pas sans mérite par son genre tout-à-fait nouveau; les chaumières
perdues dans des masses de plantations, des volières
entourées d'un salutaire ombrage, les petites pièces
d'eau environnées d'un gazon frais et de massifs fleuris
qui les encadrent, auront bien des charmes; joint à
cela les effets de surprise ménagés, l'élégante variété
des fabriques, des grilles, des barrières, des clôtures,
et de ces êtres étrangers plus remarquables les uns
que les autres, qui peuplent cet enclos; tout ensemble fait que ce lieu sera toujours visité avec un nouveau plaisir.

La planche IV est le plan de ce jardin; j'ai cru devoir le figurer parce qu'il m'a paru de quelque intérêt.
Tel qu'il est, il n'est pas encore achevé; on a le projet
d'en augmenter l'étendue; j'y ai vu encore plusieurs
parties en construction.

Chez un pépiniériste placé dans le parc du régent,
il y a un petit jardin anglais dans lequel j'ai vu plusieurs frênes pleureurs (FRAXINUS *excelsior.*, *var.*

pendula) placés isolément ou en ligne sur deux rangs, sur une petite partie de gazon ; de l'une et de l'autre manière ces arbres offrent un couvert impénétrable; les derniers surtout, se croisant par leurs branches, forment une voûte de verdure qui remplirait au besoin, dans les jardins, un plus grand objet. La manière de soutenir les branches et de les diriger, sont les principaux soins que demandent ces arbres pour une destination de ce genre.

Dans le même établissement, j'ai remarqué plusieurs bancs naturels ; je dis naturels, parce qu'ils sont formés de saules vivans déja gros qui servent de dossier et de support au siège. Ils sont ainsi formés : ce sont plusieurs saules, six ou huit, selon la longueur que l'on veut donner au banc, que l'on plante en ligne droite à deux pieds de distance les uns des autres ; entre ces arbres on fiche sur le tronc des saules des branches vertes du même bois, que l'on croise comme je l'ai figuré dans la planche V. Le siège est fait en petits rondins refendus, que l'on se garde bien d'écorcer, et cloués les uns près des autres sur des traverses soutenues par des pieux en bois de rondin comme je l'ai indiqué dans la même planche, fig. 2. Ces branches croisées, pour la plupart, tirent nourriture du tronc des saules, s'unissent avec eux et poussent. On a soin d'étêter chaque année ces troncs que l'on a primitivement rabattus à la hauteur de six pieds, de même que l'on retire les pousses des traverses. Ces bancs sont très curieux et font un effet tout-à-fait pittoresque.

C'est ici l'occasion de parler des sièges de jardins anglais, pour n'y plus revenir ; on en rencontre fréquemment, dans les jardins, ils sont de formes aussi bizarres que variées. Ce sont pour la plupart de simples morceaux de bois conservés dans leur état naturel d'irrégularité, auxquels, après leur avoir donné une figure quelconque vers une extrémité, on ajoute des pieux. Il y a d'autres sièges en bois rustique, c'est-à-dire en rondins courbes et naturels qui se rapprochent des nôtres sans cependant paraître les mêmes.

Saint-James's park, *Grenn park* et *Hyde park* sont des parcs publics d'une assez grande étendue ; ils sont fréquentés par les habitans de Londres. *Hyde park* est traversé par des routes qui servent de promenades en voiture et à cheval : en général, ces parcs n'offrent rien de remarquable. *Saint-James's park* est encore celui qui présente le plus d'intérêt, quoiqu'il soit le moins grand ; il est très agréablement tracé au centre ; la circonférence est plantée en avenues : on y voit une jolie rivière anglaise, dont les bords sont ondoyans et l'eau très claire. Au milieu de cette rivière se trouve une île plantée d'arbres et d'arbustes fleurissans. Les gazons sont beaux et bien entretenus, surtout au centre : il y a plusieurs arbres qui sont extrêmement gros. La propreté qui règne dans ce parc ajoute à sa beauté ; aussi est-il le plus fréquenté par la bourgeoisie de Londres qui en fait le lieu favori de sa promenade.

Le parc de Richmond (*Richmond park*), aux environs de Londres, se rapproche des précédens ; n'y

ayant rien remarqué de particulier, je ne m'y arrêterai
pas (1).

Le jardin de Kensington (*Kensington garden*) est
assez vaste ; sa forme est simple et le tracé est sans recherche : on y rencontre fort peu de végétaux exotiques, mais les arbres qui le meublent sont remarquables par leur grosseur et la beauté de leur port
naturel. J'y ai vu des ormes, des tilleuls, des maron-
niers et des chênes d'une grosseur excessive : on y
admire surtout de beaux points de vue, des effets de
lointain et des couverts d'arbres sur pelouse qui sont
d'une heureuse exécution. Les gazons n'ont rien d'extraordinaire. On rencontre de distance en distance,
dans le parc, des bancs couverts qui rendent service
dans diverses occasions et qui tiennent agréablement
leur place. J'ai remarqué dans ce parc des pins sauvages dignes d'être cités pour leur grosseur, leur élévation, leur port en général et leur âge ; j'y ai aussi vu
des mélèzes, LARIX *Europœa*, qui sont très élevés et
qui paraissent de très ancienne plantation ; il y a aussi
un houx, ILEX *aquifolium*, comme on en rencontre
peu, pour sa grosseur et la régularité de son port.

Les plus beaux jardins que j'ai visités sont ceux de

(1) Avant d'entrer dans le parc de Richmond, au-dessus
du village, il y a un lieu nommé colline de Richmond (*Richmond hill*) qui mérite d'être visité par les voyageurs ; c'est une
charmante promenade en terrasse d'où la vue s'étend à une
grande distance. De là on voit un riche effet de végétation ;
la Tamise, qui serpente dans le bas, vivifie la scène, et l'ensemble forme un tableau digne d'admiration.

Kew, de Stow, de M. le duc de Northumberland, de
Windsor, et quelques autres qui diffèrent peu des
précédens, si ce n'est pour l'étendue. On pourrait
certainement citer un plus grand nombre de jardins
remarquables en Angleterre ; mais le peu de temps
qu'il m'a été possible de passer dans ce pays m'a empêché d'en visiter autant que je l'aurais désiré ; je me
contenterai de parler de ceux dans lesquels je suis resté
assez long-temps pour les examiner en détail et saisir
les objets les plus saillans.

C'est dans les jardins de Kew que j'ai rencontré les
plus belles masses de plantes de l'Amérique septentrionale ; elles se trouvent surtout placées autour des
fabriques d'un ornement majestueux auprès desquelles
elles tiennent une belle place. On en voit aussi sur le
devant des massifs aérés et sur les pelouses, et on remarque que ces emplacemens sont toujours moins
élevés que le sol environnant. Les masses placées sur
les gazons sont encaissées par des pentes douces auxquelles on soumet le terrain qui les entoure. J'ai figuré,
pl. VI, une de ces sortes d'encaissement ; j'y ai été
d'autant plus engagé que les plantes s'y portent parfaitement et que cette irrégularité bien rendue n'est
pas sans mérite pour la composition d'un jardin. J'y
ai vu des RHODODENDRUM qui n'avaient pas moins de
douze pieds de hauteur, des ANDROMEDA, AZALEA,
CALYCANTHUS, VACCINIUM, etc., qui y ont une végétation luxuriante. Au milieu d'une de ces masses,
se distingue un VACCINIUM *arctostaphyllos* de neuf
pieds de hauteur : cette espèce est encore peu répandue.

Les arbres de ce jardin, remarquables par leur grosseur et leur élévation, sont un acacia, ROBINIA *pseudoacacia*, le plus fort que j'aie encore vu ; une variété de platane, très grand, très gros, et d'un port majestueux ; un chêne à cupules hérissées, QUERCUS *cerris*, qui a une étendue de branches de quatre-vingts pieds ; un laurier sassafras, LAURUS *sassafras*, du double en hauteur et en grosseur de ceux que l'on peut voir à Trianon, et quelques autres moins forts (1) ; un halesia d'espèce ou variété peu connue, très fort ; des massifs composés de pruniers de Virginie, PRUNUS *Virginiana*, qui ont une grande dimension : ces arbres étaient couverts de fleurs, et j'ai pu juger de l'élégant effet qu'ils produisent dans les jardins d'ornement ; un chicot du Canada, GYMNOCLADUS *Canadensis*, très gros ; des ÆSCULUS d'espèces variées non moins remarquables par leur force ; un andromeda en arbre, ANDROMEDA *arborea*, de trente pieds de hauteur ; des magnoliers d'une grosseur et d'une élévation surprenante comparativement aux nôtres ; ces arbres rivalisent en accroissement avec les autres végétaux ligneux, au mi-

(1) Aux pépinières de Trianon, il existe plusieurs de ces lauriers sassafras qui méritent d'être cités par leur grosseur comme des plus remarquables de ceux que nous ayons dans nos cultures. On cultivait primitivement cet arbre en terre de bruyère, mais l'expérience prouve qu'il se plaît autant dans une terre ordinaire. Son beau port et la certitude de le voir réussir dans toute sorte de terrains, doivent engager à lui donner une place dans les jardins où il fera un bon effet, soit isolé, soit en masse peu épaisse.

lieu desquels ils se trouvent placés. Il y a aussi plusieurs espèces de chênes et de féviers en arbre, GLEDITSIA, qui méritent d'être cités pour leurs dimensions; un bouleau à branches pendantes, BETULA *alba : var. pendula*, qui produit un charmant effet. Cet arbre n'est pas assez répandu dans les jardins anglais ou paysagers où il tiendrait une fort belle place. Son beau port, différent des autres végétaux ligneux, le rend propre à quelques effets particuliers; un pommier à feuilles de prunier, MALUS *prunifolia*, de trente pieds de hauteur, bien garni de branches de la base au sommet, que l'on m'a dit se couvrir de fruits. Cette espèce a le double avantage d'avoir des fleurs très agréables dans la saison où elles se développent, et de se charger de fruits qui tiennent assez long-temps et qui sont d'une beauté toute particulière par leur forme et leur beau coloris; deux ginko primitivement connus en France sous le nom d'arbres des quarante écus, GINKO *biloba*, tous deux palissés le long d'un mur: l'un au nord, sur un mur de serre de vingt pieds de hauteur sur quarante pieds d'étendue; et l'autre au levant, aussi sur un mur moins élevé, mais non moins étendu; un gros grenadier, PUNICA *granatum*, palissé sur un mur à l'ouest, remarquable par la grosseur de son tronc et par sa grande quantité de branches; un magnolia pourpre, MAGNOLIA *purpurea*, palissé contre un mur à l'ouest, ayant douze pieds de hauteur et quinze pieds d'étendue; un fort individu d'ARAU-CARIA *imbricata*. Ici, nous confondons : nous donnons le nom de l'espèce que je viens de citer à l'ARAUCARIA *Brasiliensis* que nous possédons dans plusieurs établissemens français, particulièrement chez MM. Bourlsault, Fulchiron et Noisette où il y en a de très beaux cultivés en caisse. Ce sont les plus forts dans les cultures françaises, et je n'en ai pas vu de comparables dans celles de l'Angleterre.

L'ARAUCARIA *imbricata* du jardin de Kew est livré à la pleine terre et pour ainsi dire aux rigueurs des saisons. Pendant l'hiver on le couvre seulement de nattes. Il a douze pieds de hauteur, neuf pieds d'étendue de branches qui le garnissent régulièrement ; le tronc a six pouces de diamètre. Cette espèce est bien caractérisée ; elle diffère de l'ARAUCARIA *Brasiliensis* par son port plus serré, par ses feuilles plus rapprochées les unes des autres, plus courtes, plus roides, plus larges à la base, et par leur couleur d'un vert plus foncé. Je ne sais si nous possédons cette espèce : jusqu'à présent, je ne l'ai pas encore observée dans nos cultures françaises. M. Noisette m'a dit avoir parlé de cet arbre dans son *Manuel complet du Jardinier* : je regrette de ne pas avoir pu consulter cet ouvrage, je me serais fait un devoir de rappeler ce qu'en dit ce savant botaniste cultivateur.

On voit dans tous les jardins de l'Angleterre plusieurs arbres de première dimension ; jusqu'à présent je n'ai parlé que de quelques-uns des jardins de Kew, maintenant j'en citerai plusieurs des jardins de M. le duc de Northumberland.

On y rencontre plusieurs cyprès de la Louisiane, SCHUBERTIA *disticha* ; des sophora du Japon, So-

PHORA *Japonica*, très forts; des magnolia d'espèces variées, particulièrement un glauque, MAGNOLIA *glauca*, de vingt pieds de hauteur et de soixante pieds d'étendue de branches qui le garnissent de la base au sommet; des épines, MESPILUS *oxyacantha*, et ses variétés à fleurs doubles, à fleurs rouges et à fleurs panachées, ou mieux à fleurs rouges et blanches sur le même individu; toutes d'une grosseur comme on en rencontre peu. On voit plusieurs autres espèces de MESPILUS et de CRATŒGUS non moins remarquables: ces derniers sont placés sur pelouse, ils offrent un couvert aussi élégant qu'agréable. Il y a aussi plusieurs espèces de chênes à feuilles décidues et à feuilles persistantes, qui ont une rare dimension; un noisetier de Byzance, CORYLUS *colurna*; un frêne épineux, ZANTHOXYLUM *fraxinifolium*, très gros; une très forte touffe d'ILEX *opaca*, de forts HALESIA *tetraptera*; un ZIZIPHUS *volubilis* très élevé, et un thé vert, THEA *viridis*, qui forme un épais buisson de six pieds de hauteur : il supporte les intempéries sans laisser apercevoir la moindre souffrance.

On rencontre dans presque tous les jardins spacieux de très gros cèdres de Liban, LARIX *cedrus*; et c'est surtout dans les jardins qui bordent la Tamise, de Londres à Kew, que j'ai remarqué les plus forts. Il en est de même des chênes, et, à l'égard de ces derniers, je citerai deux chênes lièges, QUERCUS *suber*, du jardin des apothicaires à *Chelsea*, qui sont d'une grosseur remarquable ; dans le même jardin il y a aussi deux gros cèdres du Liban que l'on pourrait citer s'ils n'avaient pas été mutilés par la serpe.

Je n'ai pas vu d'école dendrologique en Angleterre ; je ne sais pas s'il en existe : cependant dans le jardin anglais de Kew et dans le jardin de la société d'horticulture de Londres, on remarque un certain ordre de plantation dans une partie du premier, et en totalité dans ce dernier : les arbres et les arbustes sont réunis par genres seulement. Cette méthode m'a paru peu avantageuse pour l'étude et pour la plantation d'un jardin. Pour l'étude, on ne peut saisir l'ensemble des végétaux pour les voir en famille, et pour la plantation on éprouve de la difficulté à trouver les hauteurs nécessaires pour composer les massifs.

Je terminerai ce chapitre en disant que l'on rencontre très communément en Angleterre des jardins anglais et paysagers qui sont tous dignes d'être visités ; dans quelque contrée que l'on aille on est certain de trouver de fort jolies habitations qui toutes ont un jardin ; et plus on en voit, plus on a d'observations à faire, parce que dans chacun d'eux , on remarque des choses nouvelles non moins intéressantes les unes que les autres. Stow surtout mérite d'être visité par tous les voyageurs : c'est un jardin d'une étendue immense qui est aussi remarquable par son tracé gracieux que par le bon goût qui règne dans les plantations ; les fabriques qui s'y rencontrent sont dignes d'admiration.

Toutes les grandes propriétés qui bordent la Tamise sont magnifiques ; les propriétaires ne manquent jamais de comprendre cette rivière, dans leur propriété, ce qui leur donne la facilité de composer les scènes les plus heureuses.

Quant à la grande quantité d'arbres étrangers que l'on rencontre en Angleterre, au prompt accroissement de tous ceux qui se trouvent dans ce pays et à la richesse de végétation qui les caractérise, je crois que l'on peut en attribuer la cause à ce que les Anglais ont planté avant nous des espèces exotiques en plus grande quantité et sur des surfaces plus étendues, qu'ils se sont plus occupés que nous de plantations, et qu'ils ont un climat qui est très favorable à la végétation.

Depuis quelques années, on a commencé à faire de belles plantations en France; nos jardins se meublent d'un grand nombre d'espèces qui étaient peu répandues autrefois; ce goût s'accroît, et nos connaissances prennent une heureuse direction : espérons qu'il se perpétuera et que nous pourrons montrer à nos voisins que, si nous sommes restés en arrière pendant un temps, ce n'était que pour marcher plus rapidement et d'un pas plus affermi vers la perfection.

CHAPITRE VII.

JARDINS FLEURISTES POUR LES PLANTES DE PLEINE TERRE.

Dans cette partie du jardinage nommée fleuriste, je comprends les plates-bandes fleuries, les parterres, les massifs de fleurs et la pépinière de fleurs où l'on fait l'éducation des plantes qui doivent orner les plates-bandes d'agrément, et d'où l'on tire les fleurs qui doivent garnir les appartemens.

Ces sortes de jardins ne sont pas les moins bien soignés en Angleterre; la quantité de plantes variées et les soins qu'elles reçoivent rendent ces jardins toujours agréables. On n'en rencontre pas dans toutes les propriétés, mais on remarque toujours plus ou moins de fleurs garnissant les plates-bandes et les massifs. Dans les jardins de ville dont j'ai parlé, il est rare de n'en pas rencontrer. Il en est de même dans les petites et moyennes propriétés; dans les grands jardins il y a ordinairement un terrain plus ou moins étendu destiné à élever des fleurs que l'on enlève pour la plantation du jardin, ou qu'on laisse en planches afin d'en jouir en masse. Le plus souvent ces fleuristes

se trouvent confondus avec ceux dont je parle dans
un des chapitres suivans, c'est-à-dire avec les plantes
de serre : cette réunion des deux parties accroît les
beautés de l'une et l'autre. Je les ai séparées, afin
que dans le chapitre des serres, je puisse entrer
dans tous les détails que j'ai cru devoir donner sur
ce sujet. On trouve en Angleterre beaucoup de marchands qui s'occupent spécialement de ce genre de
culture, c'est-à-dire qui cultivent en grand les fleurs,
et qui ont des serres ou châssis pour avoir des plantes
en tout temps qui soient en état de vente, c'est-à dire
en fleurs. Il en est aussi qui réunissent les deux parties : les plantes d'ornement de pleine terre, et les
plantes de serre. J'aurai occasion d'en parler.

Les jardins fleuristes sont assez nombreux en France;
je pourrais même en citer plusieurs remarquables et
parfaitement caractérisés ou distincts des autres cultures; mais je ne dissimulerai pas que les Anglais sont
plus riches que nous sous ce rapport. Ils doivent cet
avantage d'abord, comme je l'ai déjà dit, à leurs
moyens de dépenses, ensuite à la facilité des communications qu'ils entretiennent constamment, et
enfin à leurs nombreux semis qui leur donnent une
grande variété de modifications dans les végétaux qu'ils
soumettent à cette voie de propagation. Toutes ces
causes contribuent à les rendre supérieurs.

Cette partie dans nos jardins français a quelque
chose de différent en aspect des jardins anglais; je
pense que cette différence de cultures est produite par
les plantes de nouvelle introduction dont nous n'a-

vons la connaissance qu'après eux. Ces végétaux
déja nouveaux se modifient par leurs soins et donnent une foule de variétés dont nous ne possédons
quelquefois pas encore le type. Je ne citerai qu'un
exemple : depuis long-temps, et bien avant nous,
les Anglais cultivent la plus belle des plantes d'ornement, le *dahlia*, dont nous comptons présentement un grand nombre de belles variétés dans les
cultures françaises ; mais si nous comparons leurs
dahlia à ceux que nous avions les années passées et
que nous avons même encore assez abondamment,
nous verrons une différence sensible dans le port de
cette plante relativement à l'élévation. Chez eux, ils
ont abandonné les grands dahlia, qu'ils mettent dans
les massifs, pour des petits qu'ils cultivent comme
les autres plantes herbacées, en planches ou dans les
collections. Ils ne sont hauts que de 18 à 30 pouces
Cette diminution spécifique, au minimum de son accroissement, a le double avantage, qui les a fait préférer, de produire la même quantité de fleurs que les
grands, pour ne pas dire plus, de procurer le moyen
de jouir également de la vue de toutes, de les placer
partout, et de ne pas demander un si grand entretien
pour les soutenir. Ils ont encore l'avantage, malgré
cette réduction, de trouver un aussi grand nombre de
variétés que dans celles qu'ils cultivaient primitivement. Nous avons apprécié les mêmes avantages, et
nous nous occupons à remplacer nos grands *dahlia* par
des nains auxquels nous reconnaissons un usage plus
général pour l'ornement, et une économie de temps

dans leur entretien de culture. J'ai vu peu de *dahlia* en fleur, la saison n'étant pas assez avancée; mais le peu que j'ai vu dont la floraison avait été accélérée, m'a permis de vérifier ce qui m'avait été dit par plusieurs cultivateurs et amateurs.

Connaissant une grande partie des établissemens français les plus remarquables, je suis peiné de ne pas pouvoir consciencieusement leur donner la préférence; cependant je vois avec satisfaction que nous commençons à nous rapprocher de nos voisins. On s'aperçoit sensiblement de l'amélioration qu'offrent nos parterres; on y voit déja plusieurs végétaux nouveaux ou perfectionnés par la culture ; les semis que nous faisons actuellement feront, j'espère, une heureuse révolution dans le genre horticultural ; et, en y joignant les échanges, nous parviendrons à compléter ce qui nous manque. Nous avons d'habiles cultivateurs français qui ne sont certainement pas inférieurs à ceux d'Angleterre. S'ils n'étaient pas bornés dans leurs dépenses, et s'ils avaient la latitude de les étendre selon leur goût, ils prouveraient qu'ils savent, comme ceux de toute autre nation, quelle qu'elle soit, tirer avantage de leur expérience réfléchie et de leur constante persévérance dans les observations.

Les jardins fleuristes de plusieurs palais royaux et seigneurs français, et quelques établissemens marchands ont un mérite qui commence à approcher de celui des jardins fleuristes de l'Angleterre; et il y a tout lieu de croire, à en juger par le bon esprit qui anime les cultivateurs, que le temps où l'horticulture française doit arriver au degré de supériorité après lequel nous aspirons, n'est pas loin de nous.

Le jardin fleuriste de la société d'horticulture de
Londres quoique étant d'une étendue peu considérable,
mérite d'être cité, et, pour ne pas entrer dans des répétitions fastidieuses, je m'y arrêterai, en observant
que les autres jardins où l'on remarque de ces sortes
de cultures offrent, en général, peu de différence.

Ce fleuriste se distingue par sa disposition bien entendue et par son entretien; toutes les plantes y sont dans
un bel état, et chacune reçoit une égalité de soins.
Celles qui ont une tige faible sont soutenues, et ce
soutien est visité souvent, afin qu'il paraisse toujours
nouvellement placé. Les plantes sont espacées selon
leur degré d'accroissement, de manière qu'elles ne se
nuisent pas entre elles, et qu'en prenant tout leur développement, elles produisent l'effet auquel on les
destine. Ce moyen, généralement observé dans les
plantations anglaises, m'a paru très avantageux pour
l'économie dans les plants, et fort agréable pour l'œil
qui peut apercevoir dans l'ensemble chaque individu.
Aussi les parterres anglais moins fournis que les nôtres,
ont plus de légèreté, sans avoir moins de grace. Les
planches qui sont semblables aux nôtres sont binées
souvent; elles sont propres et nettes. Les sentiers de
ces planches, que l'on ne laboure jamais, sont aussi
très propres; les planches, comme les plates-bandes,
sont toutes régulièrement tracées à la bêche et, comme
ces dernières, n'ont jamais de bordures; le tracé leur
en tient lieu, et les encadre parfaitement et propre

ment. La plantation des plates-bandes est faite comme je l'ai dit précédemment, et les plants sont bien choisis et bien variés. Cette variété a d'autant plus de grace que les plantes n'y sont pas placées confusément. Il y a dans ce fleuriste trois plates-bandes qui se distinguent très agréablement des autres. Je les cite, parce que je les ai vues garnies de pivoines variées qui, comme mélange, font un effet élégant; je suis allé plusieurs fois dans ce jardin, et chaque fois je les ai admirées avec un nouveau plaisir. Ce genre de plantes est assez généralement répandu dans les jardins d'Angleterre, pour l'ornement des parties fleuries; les couleurs variées qu'elles affectent, le blanc, le carné, le rose, le panaché et le pourpre, font un mélange qui leur permet de composer à elles seules, pour une époque, la plantation d'un parterre. Les espèces et variétés de ce genre, qui ont le plus particulièrement fixé mon attention, sont les PÆONIA *albiflora* et ses variétés *candida*, *fragrans*; *Humei*, *rubescens*, *vestalis* et *sibirica*; PÆONIA *corallina*; PÆONIA *decora* et sa variété *elatior*; PÆONIA *officinalis* et ses variétés *albicans*, *blanda*, *carnescens*, *rosea*, *rubra*; PÆONIA *paradoxa* et sa variété *fimbriata*; PÆONIA *rosea*, etc.

Dans le même jardin j'ai remarqué un carré dans lequel se trouvent réunies les diverses espèces et variétés d'IRIS de pleine terre; un autre destiné à la culture des différentes espèces de *lis*.

On voit aussi un beau mélange de pensées VIOLA *hortensis* et *grandiflora*, de variétés de pavots à tiges nues PAPAVER *nudicaule* diversement colorées du blanc à l'aurore, les différens jaunes intermédiairement ; ces nuances sont curieuses.

Le beau pavot à bractées, PAPAVER *bracteatum*, y est très commun, comme dans tous les autres jardins, mais sans meilleur résultat que dans nos cultures, simple ou seulement à double rang de pétales. J'y ai vu plusieurs planches de jacinthes et de tulipes sans que j'aie pu connaître leur beauté : ces plantes bulbeuses étaient défleuries.

Le CLARKIA *pulchella*, plante de nouvelle introduction, si agréable par l'élégance de ses fleurs roses d'une forme singulière, y est abondamment cultivé. Cette nouvelle espèce est d'une culture extrêmement facile ; le terrain, où on l'admire en fortes touffes, est substantiel et léger. Certainement c'est une excellente acquisition pour l'ornement de nos plates-bandes fleuries. Elle est déja introduite en France ; on la trouve de cette année dans plusieurs de nos jardins où je l'ai remarquée depuis mon retour. Elle se multiplie de graines qu'elle fournit en abondance.

Le COLLINSIA *grandiflora*, autre espèce très élégante par la couleur de ses fleurs bleues qui couvrent la tige ; elle ne paraît pas plus difficile que la précédente, et mérite bien une place comme ornement.

Le LUPINUS *ornatus*, plante fort élégante ; les fleurs sont nombreuses, moyennes, d'un bleu éclatant, en épi alongé ; feuilles blanchâtres.

Le LUPINUS *plumosus*, remarquable dans son premier développement par son calice qui est soyeux ;

toute la plante est couverte d'un duvet fin qui la rend comme satinée.

Le LUPINUS *poliphyllus*, plante admirable, d'un bel effet d'ornement; feuilles verticillées d'un beau vert; un long épi couvert de fleurs d'un beau bleu, nombreuses sur l'épi. Ce lupin est sans contredit le plus remarquable du genre.

Le LUPINUS *tomentosus*, fleur d'un jaune-pâle mêlé de bleu-clair; feuilles cotonneuses.

Le LUPINUS *arduus* et LUPINUS *lepidus*, fleurs bleues; ces deux dernières, très petites espèces, sont élégantes, mais ne produisent pas assez d'effet pour l'ornement.

Le SCHIZANTHUS *pinnatus*, déja cultivé en France, en petite quantité, compose une des planches du fleuriste de ce jardin et orne les plates-bandes.

L'ŒNOTHERA *Lindleyi*, espèce fort élégante, et le MIMULUS *moschatus* s'y remarquent; cette dernière espèce produit peu d'effet, mais elle a l'avantage d'exhaler une odeur musquée qui plaît à quelques personnes.

Il y a aussi une planche de l'ESCHHOLZIA *Californica*, plante qui a du rapport avec les *chelidonium*; elle fait un bel effet en masse par la grande quantité de fleurs jaunes qui se succèdent sans interruption, plus foncées intérieurement qu'extérieurement, et particulièrement à la partie inférieure de chaque pétale.

Le LOASA *nitida* est aussi cultivé en planches;

cette espèce ne m'a pas paru d'un bel effet d'ornement.

Le VERBENA *chamœdrifólia*, jolie plante d'ornement, s'y fait remarquer comme dans beaucoup de jardins de l'Angleterre, où elle tient une fort belle place.

J'ai observé plusieurs espèces de PENSTEMON nouveaux venant de Californie, introduits en Angleterre par le voyageur qui collecte pour la société d'horticulture, et qui voyage à ses frais.

PENSTEMON *ovatum*, feuilles larges presque embrassantes, fleurs bleues nombreuses.

PENSTEMON *glandulosum*, se rapproche du précédent, mais velu dans toutes ses parties, et ses feuilles sont plus grandes; il y a moins de fleurs, mais elles sont de la même couleur.

PENSTEMON *primosum*, fleurs couleur violet-pâle.

PENSTEMON *elustum*, fleurs blanches nombreuses.

PENSTEMON *procerum*, petites fleurs d'un blanc-sale.

CHELONE *sesambrii*, fort belle espèce, fleurs rose-pâle. Ces espèces, encore en petit nombre, seront d'un bel ornement.

Le MIMULUS *rivularis* y est très abondant; on le trouve dans presque tous les jardins de l'Angleterre; cette espèce se rapproche beaucoup du MIMULUS *guttatus*; mais elle en diffère par des fleurs un peu plus grandes, d'un jaune plus foncé, et surtout par une tache brune qu'elles ont sur le lobe inférieur. Cette espèce m'a paru s'élever moins que celle avec laquelle je la compare.

On y cultive aussi quelques espèces de CYPRIPE-
DIUM. Il y a encore plusieurs autres plantes nouvelles
que j'ai vues et que je ne puis citer faute de renseignemens assez positifs. Mon court séjour et les nombreuses observations que j'avais à faire ne m'ont pas
permis de me livrer à l'étude de ces végétaux.

Indépendamment du fleuriste, le jardin renferme
des massifs qui sont composés de diverses espèces de
plantes herbacées.

Dans les plates-bandes fleuries (j'entends par là le
devant des grands massifs de forme circulaire, bor-
dant les allées), j'ai observé, outre les plantes herbacées, quelques beaux arbrisseaux que je crois devoir
citer ici.

L'ULEX EUROPÆUS *flore pleno* est un arbuste charmant qui décore très agréablement les plates-bandes
par le grand nombre de fleurs pleines qui le couvrent;
c'est un buisson fleuri d'un jaune éclatant. Au chapitre des pépinières, dans lequel j'aurai occasion de
parler de cette variété remarquable, je donnerai quelques détails sur sa culture.

On remarque beaucoup de CYTISUS *purpureus*
francs de pieds, qui forment des buissons déliés
très élégans, surtout pour la quantité de fleurs qui
les couvrent.

Plusieurs forts individus de CISTUS *laurifolius*
et CISTUS *ladaniferus* qui supportent parfaitement
les rigueurs de l'hiver. Ces arbrisseaux sont dans un
brillant état de végétation; ils forment des buissons
très épais.

Le BUDLEIA *globosa*, de même que les précédens, reste en pleine terre ; j'ai cependant observé
que l'extrémité des branches avait été attaquée par
les derniers froids de l'hiver.

Le PRUNUS *nepaulensis*, petit arbrisseau en
buisson, fort élégant, d'un pied de hauteur, couvert
de petites fleurs blanches.

Le GENISTA *triangularis*, très joli arbrisseau.

Le SPARTIUM *multiflorum*, qui supporte très
bien la saison rigoureuse de ce pays.

Le ROSA *berberifolia*, petit arbrisseau à feuilles
simples et glauques ressemblant parfaitement à celles
du BERBERIS *vulgaris*, si ce n'est qu'elles sont plus
petites.

Les murs de ce jardin sont garnis de plantes que
l'on palisse ; je citerai ici les plus remarquables. Je
parlerai d'abord du premier GLYCINE *sinensis* qui a
été introduit dans les jardins d'Angleterre ; il est arrêté au faîte d'un mur de dix pieds de hauteur. Il a
trente pieds d'étendue de branches de chaque côté de
son tronc, ce qui lui donne soixante pieds de face. Il
supporte fort bien la température de ce pays, seulement pendant l'hiver on couvre le pied de litière
pour le garantir du froid. Cet arbuste est admirable
pour l'ornement des jardins, par la quantité de
grappes de fleurs qui le couvrent, qui sont longues et
bien colorées et un peu odorantes. Je l'ai trouvé encore fleuri, quoique l'on m'ait dit qu'il l'était déja depuis six semaines. Pour conserver plus long-temps
ses fleurs, dès le commencement de leur développe-

ment, on établit une tente qui les protège contre les froids nocturnes et contre le soleil. Je crois qu'il est rare de rencontrer un plus bel individu de cette es-pèce.

Près de lui se trouve un GLYCINE *frutescens* qui est aussi d'une étendue remarquable; je crois qu'on en trouverait rarement un plus fort : il a dix pieds de hauteur et vingt-quatre pieds d'étendue ; sa tige est grosse. Il était couvert de fleurs qui ne sont pas sans mérite, mais qui ne sont pas comparables pour la beauté à celles du GLYCINE *sinensis*.

Un JASMINUM *triumphans* de même hauteur et de quinze pieds d'étendue.

Un LUPINUS *fruticosus* très bien fleuri, qui se dis-tingue par sa hauteur et la grosseur de sa tige ligneuse, fait, comme arbrisseau, un bel effet d'ornement.

Un BIGNONIA *capreolata*, non moins intéressant par sa grande dimension ; je l'ai vu tout couvert de fleurs.

Un superbe ROSIER *Banks*, à fleurs jaunes, qui tapisse le tour des murs de la galerie qui se trouve dans le jardin. Il était abondamment fleuri.

Les jardins de Kew et de M. de Northumberland ne sont pas moins remarquables par les végétaux de pleine terre que l'on y cultive; ce dernier surtout aura un très beau fleuriste devant la serre. Je n'en ai vu que l'emplacement ; les travaux de construction en ar-rêtent pour le moment l'exécution ; mais j'ai pu me rendre compte de ce qu'il sera par les travaux prépa-ratoires que j'ai pu examiner.

Le jardin de MM. Loddiges frères, à Hackney, n'est pas au-dessous des autres jardins pour ce genre de culture, il peut être cité comme un de ceux qui renferment le plus de plantes vivaces. Devant les serres il y a des plates-bandes encaissées garnies de poteries qui contiennent de ces plantes en disponibilité pour les amateurs. On trouve aussi en différens lieux du jardin des parties de terrain destinées à cette culture; dans un, il y a une collection de liliacées, et dans un autre, on trouve réunies différentes espèces de YUCCA; telles que le YUCCA *aloifolia*, YUCCA *angustifolia*, YUCCA *draconis*, YUCCA *gloriosa*, YUCCA *filamentosa*, YUCCA *filamentosa var. foliis variegatis*. Toutes ces espèces persistent en pleine terre. Je noterai en passant que le YUCCA *filamentosa* m'a paru différer de ceux que nous cultivons ici : les feuilles sont spatulées; elles sont plus larges, plus arrondies au sommet; les filamens sont moins nombreux, et la plante en général est plus forte. Je la regarde comme variété distincte. Je pourrais aussi parler des plantes de terre de bruyère que l'on admire dans cet établissement; mais je renvoie cet article au chapitre des pépinières.

L'établissement de M. Lée, à Hammersmith, est richement assorti en plantes d'ornement de pleine terre. Comme ce n'est pas son genre principal, j'aurai occasion de le citer dans un des chapitres suivans.

M. Colvill, à Chelsea, a aussi plusieurs choses dignes de remarque en ce genre; mais il s'occupe plus particulièrement des végétaux de serre.

Un autre fleuriste de Chelsea, voisin de M. Colvill, dont je suis fâché d'avoir oublié le nom, a aussi un fort bel établissement ; il s'occupe spécialement des végétaux herbacés, vivaces ou annuels, qu'il cultive en grand. Le bon ordre qui règne dans cet établissement et la quantité de chaque espèce de plantes que l'on y trouve, le placent au rang des belles cultures.

Dans les jardins fleuristes de l'Angleterre, particulièrement dans les établissemens marchands, on rencontre peu de plantes anciennes, c'est-à-dire de ces végétaux ordinaires qui décorent depuis long-temps nos plates-bandes fleuries ; elles sont remplacées par des variétés qui leur sont supérieures. Les jardiniers font un choix dans ce que les semis leur donnent, qui fait facilement abandonner les anciennes plantes : c'est un perfectionnement qui devient l'occupation continuelle du cultivateur, et qui est bien recherché des amateurs ; en cela ils s'éloignent toujours de l'objet du botaniste, pour qui la plupart de ces productions sont des monstres, mais meublant richement les jardins.

On pourrait citer un assez grand nombre de ces plantes qui varient extraordinairement par les semis. Nous en avons déja vu précédemment quelques exemples ; j'en prendrai encore un dans une famille qui paraît avoir une tendance à former beaucoup de variétés : c'est celle des *cariophyllées*. Nous possédons depuis quelques années en France de belles variétés des plantes de cette famille ; mais on peut en rencontrer bien plus en Angleterre. Les mignardises qu'ils cultivent maintenant, ne sont plus comparables aux anciennes, que l'on a en quelque sorte délaissées. Ces hybrides sont d'une beauté éclatante, et méritent justement la préférence. L'œillet de poète, l'œillet d'Espagne, de la Chine, etc., ont fourni des variétés en hybrides plus remarquables les unes que les autres.

Les variétés de roses ne sont pas en aussi grand nombre qu'en France, où la collection en est extraordinairement étendue ; les Anglais tirent beaucoup de nos établissemens. Les pépiniéristes de Rouen qui cultivent beaucoup ce bel arbrisseau (1), en font des envois en Angleterre ; il en est de même pour ceux de Paris. Les Anglais cultivent cependant en grand les variétés de pimprenelles, en quoi ils sont beaucoup plus riches que nous. On peut en voir une fort belle collection dans le jardin de la Société d'horticulture, dans la pépinière de MM. Loddiges, etc. (2).

(1) A Rouen, la culture du rosier est une fureur ; on peut s'en convaincre en visitant les amateurs qui sont assez nombreux, et les marchands qui tous en cultivent. Pendant mon passage, à mon retour d'Angleterre, j'ai visité ces collections dont quelques-unes sont considérables : celles de MM. Prévost, qui a publié un catalogue raisonné des variétés qu'il cultive, Coquerel, Valet jeune, Savoureux, sont surtout remarquables. J'ai la connaissance que dans ce pays de simples variétés se sont payées très cher.

(2) Plusieurs des plantes nouvelles citées dans ce chapitre sont décrites dans les annales de l'institut horticole de Fromont, publiées par M. Soulange Bodin ; elles existent et quelques-unes même ont fleuri cette année à Fromont. Les relations étendues de M. Soulange lui permettent d'augmenter ses collections, en les enrichissant de toutes les nouveautés en

ce genre. Dans la sixième livraison de ces annales, on remarque un article sur les dahlia anglais. M. Soulange a reçu
de l'Angleterre des graines de ces plantes qui n'ont pas pris
un accroissement supérieur aux individus d'où elles prove-
naient. Le climat de l'Angleterre n'est donc pas plus favorable que le nôtre, comme le prétendent certaines personnes,
pour la culture de ces végétaux nains. Nous avions déja la
conviction, que des dahlia en pieds ou tubercules envoyés
d'Angleterre chez M. le duc de Grammont, à Saint-Germain-
en-Laye, chez M. le comte Lelieur, à Versailles, etc., n'a-
vaient subi aucune variation dans l'accroissement, malgré le
changement de climat; et M. Soulange vient de nous assurer
de la constance de ces mêmes végétaux par le semis.

CHAPITRE VIII.

JARDINS BOTANIQUES.

Les Anglais ne m'ont pas paru très heureux dans ce genre de culture. Je ne sais s'il existe beaucoup de jardins botaniques ; mais j'en ai peu vu. Je ne puis citer que le jardin des apothicaires, à Chelsea, où l'on trouve un grand nombre de plantes botaniques. Je ne me suis pas aperçu que l'on ait adopté une classification scientifique dans l'ordre des végétaux que l'on y remarque. On a peine à concevoir qu'un jardin de cette importance, ne soit pas mieux ordonné. Je préfère le jardin de l'école de pharmacie de Paris, qui est moins grand, et où l'on trouve bien moins de plantes; mais qui sont rangées d'après une classification qui en facilite l'étude.

Je doute qu'il y ait en Angleterre autant d'écoles de botanique qu'en France, où il en existe dans presque toutes les villes un peu populeuses ; je doute aussi, d'après ce que j'ai vu, que les Anglais aient un jardin botanique comparable à celui du jardin du Roi, où un si grand nombre de plantes est disposé pour la démonstration (1).

(1) Je me garderai bien de prononcer affirmativement; comme il m'a été impossible de tout voir, je suis obligé de

Si je n'ai pas rencontré de jardins botaniques, écoles
proprement dites , j'ai observé des collections très
étendues dans divers jardins; mais sans aucun arrangement par ordre d'analogie générale. Dans les jardins
que j'ai cités précédemment , on peut voir, comme je
l'ai déja observé, des carrés de plantes vivaces d'ornement, liliacées et autres. Au jardin de la société
d'horticulture , il y a un bassin destiné à la culture
des plantes aquatiques, qui m'a paru intéressant par sa
disposition. Pour faciliter l'intelligence de la description, j'en donne la figure, pl. VII. Il est ainsi composé :
une haie l'entoure ; le long de cette haie, dans l'intérieur, il y a une plate-bande garnie de pierres amonce-
lées en forme de roches, sur lesquelles on voit les plantes
qui aiment cette position, des fougères et quelques
plantes alpines ; une allée circulaire sépare cette plate-
bande d'une autre qui se trouve au bord du bassin ;
elle est divisée par petits compartimens, dans lesquels
se trouvent par petites masses, les espèces qui aiment
les lieux frais et humides, tels que quelques *carex*,
joncs, *orchis*, etc. ; ensuite le bassin garni de
plantes aquatiques, telles que *nymphœa*, *villar-
sia*, *hydrocharis*, *potamogeton*, etc. Il est fâcheux
que ce bassin ne soit pas d'une plus grande étendue :
c'est un lieu très bien distribué, qui, semblablement

garder le dubitatif et de prévenir le lecteur qui m'accuserait
avec raison. Je n'omettrai cependant pas de dire que les
universités célèbres de l'Angleterre, trop connues pour être
nommées ici, ont des jardins de botanique, dans lesquels
on cultive au moins les plantes usuelles.

établi , mais sur une plus grande échelle , pourrait être
d'une très grande utilité pour la réussite des végétaux
qui se plaisent dans des localités de ce genre.

On voit aussi dans le même jardin plusieurs petits
rochers , dans les jointures desquels se trouvent des
cistes d'espèces différentes , que j'ai vus couverts de
fleurs. Ces végétaux qui se plaisent dans cette position,
y font un fort bel effet. On trouve de semblables rochers dans les jardins de Kew et dans ceux de M. de
Northumberland. Dans ces derniers surtout il y en
a plusieurs remarquables par leur étendue bien supérieure aux autres : on y cultive une quantité d'espèces auxquelles cette position est favorable. En général , les Anglais portent des soins minutieux à la
culture de tous les végétaux quels qu'ils soient ; ils
cherchent à les entretenir dans leur état naturel , et
dans ce but, ils utilisent toutes les situations qu'ils pré-
parent aux plantes qui doivent y être placées , en sub-
stituant au sol naturel un terrain qui soit en rapport
avec elles.

Je n'omettrai pas de citer un compartiment des jardins de Kew, destiné à recevoir les différentes espèces
de graminées. Il est ainsi distribué : c'est une assez
grande étendue de terrain , entourée d'une haie, où se
trouvent des plates-bandes circulaires ; entre chaque
plate-bande il y a une petite allée qui les accompagne;
au centre, il y a un large cercle , dans lequel on
place , en amphithéâtre , les plus grandes espèces.
Les plates-bandes sont encadrées par une bordure de
briques qui marque parfaitement le cercle et qui forme

(65)

très élégamment les allées. J'en donne la figure, pl. VIII.

La planche IX représente un autre compartiment du jardin de Kew, qui a bien son mérite d'utilité. Ce lieu est destiné à la culture des végétaux délicats de collection, qui aiment les lieux frais et ombragés. Il y a cependant beaucoup de plantes alpines et pyrénéennes qui s'y plaisent (1); ce sont des plates-bandes demi-circulaires, entourées de haies, le long desquelles se trouve une petite allée qui les accompagne. Ce compartiment m'a paru d'heureuse exécution; il pourrait servir très avantageusement à recevoir des végétaux de serre qui demandent l'ombrage pendant les chaleurs de l'été; telles seraient les bruyères, quelques plantes du Cap, de la Nouvelle-Hollande, etc.

Je l'ai figuré dans l'espoir qu'il pourrait au besoin être mis à exécution dans nos cultures, en le classant dans la même catégorie que nos brise-vents.

(1) J'ai toujours remarqué que ces lieux frais et ombragés étaient ceux que l'on devait préférer pour la conservation de ces végétaux, bien qu'ils y prennent un port qui diffère plus ou moins de celui qu'ils ont dans leur lieu originaire; mais au moins on les conserve, et le plus souvent on peut se flatter de les avoir dans un bel état de santé.

CHAPITRE IX.

JARDINS FLEURISTES OU JARDINS D'ORNEMENT, POUR LES VÉGÉTAUX DE SERRE.

Nous sommes arrivés à cette partie de l'horticulture dans laquelle les Anglais se distinguent éminemment, et forcent notre admiration pour tout ce qui caractérise ces sortes de jardins.

Au milieu de la grande simplicité qui règne le plus ordinairement dans la construction de leurs serres, on trouve qu'elles ont des formes gracieuses et élégantes appropriées aux localités, et principalement une utilité que l'on est obligé de reconnaître, pour protéger par le même abri et selon la température convenable, les végétaux soumis à une atmosphère factice, exigée par leur nature pour leur conservation. Indépendamment de ces serres remarquables par leur simplicité, on en trouve aussi qui ne le sont pas moins par le luxe et la magnificence de leur construction, toutefois sans jamais s'éloigner du but principal d'utilité réelle. J'aurai occasion de parler des unes et des autres dans ce chapitre.

Ces sortes de jardins ont aussi le mérite d'offrir

une quantité de végétaux de toutes les régions, qui
reçoivent tous les soins de culture et de conservation nécessaires pour les entretenir le plus possible dans leur état naturel. J'ai trouvé que c'était avec
raison que l'on citait les serres anglaises; leur perfectionnement est tel qu'il reste fort peu de choses à
désirer.

En voyant cette supériorité, j'avouerai qu'au milieu
de mon admiration captivée par de si belles choses,
j'éprouvais un sentiment de tristesse en comparant
cette partie de culture avec la nôtre. Notre infériorité,
qui est incontestable, me faisait faire des réflexions
pénibles sur notre horticulture française; cependant
ces réflexions se sont évanouies à la seule idée des efforts journaliers et constans que nous faisons en
France pour la prospérité d'un art si utile. Mais
ces efforts seront-ils couronnés de succès qui tourne-
ront au gré de nos désirs? C'est une question que se
fait tout cultivateur, véritable ami de son art; question qui ne suspend pas sa persévérance assidue,
mais qui laisse quelques doutes pour l'affirmative sur
le pouvoir de l'exécution : car que peut le cultivateur
sans l'amateur, et que peut l'amateur sans une fortune
capable de diriger ses goûts vers cette source inépui-
sable de plaisirs purs.

Dans l'état où en sont les choses à cet égard, nous
ne tarderions pas à rivaliser avec les Anglais, si
nos moyens pécuniaires étaient comparables aux
leurs; et certainement le nombre des cultivateurs
habiles augmenterait, si les encouragemens étaient

proportionnés aux peines à prendre pour devenir cultivateur instruit, comme ceux qui se vouent maintenant à cette partie en sentent le besoin pour ne pas rester inférieurs à toute autre classe industrielle.

Le cultivateur, aussi simple que l'art qu'il professe, n'élève pas trop ses prétentions : son ambition n'est pas de briller dans le monde, mais bien de faire briller tout ce qui est confié à ses soins, et pour cela il ne demanderait qu'à pouvoir faire les dépenses nécessaires pour l'accroissement et la propagation des richesses de nos jardins. Les esprits prennent une direction telle qu'il n'est pas de cultivateur qui ne reconnaisse qu'il faut non-seulement une grande application pour bien diriger l'habitude des travaux manuels, mais encore une instruction capable de conduire avec discernement les opérations nombreuses et variées de l'art agronomique; et pour exciter son zèle et accroître ses nobles efforts, l'encouragement est nécessaire.

Les serres anglaises sont de formes extrêmement variées, mais toutes sont d'une construction qui en permet facilement les exploitations et remplit sûrement l'objet auquel on les destine ; ayant toutes dans un grand établissement une destination particulière qui tend uniquement, dans la partie qui m'occupe, à la conservation. Les murs sont presque toujours en briques (la pierre étant rare en Angleterre), et les châssis et les supports en bois ou en fer, mais le plus ordinairement en bois.

Le chauffage des serres est varié. Celui qui est le plus généralement usité est jusqu'à présent le chauffage à la vapeur : on commence à mettre en usage une nouvelle méthode qui m'a paru plus économique et plus salutaire aux végétaux qui sont soumis à son influence, c'est le chauffage à l'eau. Cette nouvelle méthode est encore peu répandue ; mais lorsqu'on en aura reconnu l'avantage, ce sera sans doute celle qui aura la préférence. Je ne m'arrêterai pas ici sur les différentes méthodes de chauffage ; je me propose d'en parler dans un des chapitres subséquens, consacré aux jardins de primeur, partie dans laquelle nous avons besoin en France de quelques améliorations pour lui donner une plus grande extension.

Dans le jardin de la société horticulturale de Londres, on remarque plusieurs serres à châssis cintrés qui sont tout en fer : ces serres bombées forment un quart de cercle qui aboutit d'un côté sur le grand mur de la serre, et de l'autre sur le petit mur du devant. Il paraît qu'elles ont pour avantage de communiquer plus également la chaleur, en permettant aux rayons solaires de pénétrer plus régulièrement. Les rayons lumineux sont de même répandus plus également, et d'après ce que m'ont dit plusieurs cultivateurs, ces cintres offriraient encore l'avantage de permettre, sans accidens pour les vitraux, la dilatation et la contraction du fer.

Ces sortes de serres, de même que la plupart des serres en fer que j'ai pu voir, ne reçoivent jamais l'air par l'ouverture des châssis, qui sont toujours fixes,

mais par des espèces de soupiraux formés horizontalement dans l'épaisseur et à des distances régulières des
deux murs supérieur et inférieur de la serre. Ces soupiraux, à l'ouverture desquels se trouve une porte d'une
grandeur qui leur est proportionnée, s'ouvrent et se
ferment à volonté, et sont tenus dans le premier
état par des petites tringles percées en différens endroits sur leur longueur, pour ne donner que la
quantité d'air que l'on juge nécessaire. Cette tringle est arrêtée par une broche fixée dans le mur.
Quelquefois les ouvertures du grand mur ne le tra-
versent pas horizontalement ; dans ce cas, il y a un
conduit qui en longe la hauteur et qui, à son extrémité
ouverte, facilite l'entrée d'un air pur et la sortie des
gaz, des fluides et enfin des émanations de toute espèce
que tient en suspension l'atmosphère de la serre. Ce
procédé m'a paru extrêmement ingénieux pour prévenir bien des accidens qui pourraient, par surprise,
arriver aux plantes. La grandeur et la quantité de ces
ouvertures sont fixées d'après l'étendue de la serre.

Comme les cultivateurs profitent de tous les emplacemens, et qu'ils sentent l'utilité des plates-bandes du
midi qui se trouvent le long des murs des serres, ils
placent une gouttière au-dessous du châssis et des dalles qui couvrent la surface du petit mur de devant.
Cette gouttière reçoit les eaux pluviales, et les re-
jette à chaque extrémité ; de cette manière, ils jouis-
sent de plates-bandes dans lesquelles ils mettent
ordinairement les plantes bulbeuses de serres, telles
que *ixia*, *oxalis*, *glayeuls*, *iris*, etc. Dans quelques

endroits, ces plates-bandes sont arrangées de manière
à pouvoir être couvertes de châssis pendant l'hiver.
Ces gouttières sont en pierre ; et elles sont soutenues
par des jambages de mur d'une petite épaisseur, placés de distance en distance sur la longueur du devant
de la serre. La planche XX offre un exemple de ces
sortes de serres à gouttières.

Beaucoup de serres anglaises n'ont pas de châssis
verticaux en avant ; c'est un petit mur plus ou moins
élevé qui supporte les châssis qui sont placés obliquement.

Les vitres des châssis sont très petites ; comme le
verre est extrêmement cher, le cultivateur trouve
un avantage pour l'établissement et l'entretien en les
employant de cette petite dimension. On pourrait
croire que cette multiplicité de vitres nuit à la lumière, agent si nécessaire aux végétaux : l'expérience
ne prouve pas positivement le contraire, mais elle
prouve que les plantes reçoivent assez de lumière pour
les entretenir en belle végétation.

Les conduits de chaleur sont diversement dirigés ;
souvent ils sont placés le long du petit mur ; quelquefois ils passent de chaque côté de la serre, c'est-à-dire
le long des deux murs, selon son étendue ; d'autres
fois ils ne passent que près du mur du fond en le longeant ; et aussi sous les chemins de la serre ou dans le
milieu des bâches au-dessous de la terre ou de toute
autre substance qui remplit cette bâche ou qui la
couvre, de manière que les plantes se trouvent
placées au-dessus. Ce dernier moyen m'a paru avan-

tageux et digne d'être recommandé. Ces conduits sont formés en briques; et si la masse de ces sortes de constructions est un peu élevée, on laisse des ouvertures horizontales, qui sont des bouches de chaleur pour la serre. Ces conduits sont aussi quelquefois en fonte ou autre métal; ils sont de différente capacité, et si la serre est d'une contenance un peu considérable, on en met deux placés l'un au-dessus de l'autre. En général, ils ne sont pas très gros, ils varient de trois à cinq pouces de diamètre.

Le nombre des serres anglaises étant très considérable et celles-ci plus ou moins différentes, je n'ai pu avoir la prétention de parler de toutes; je donne dans cette relation le dessin de quelques-unes de celles qui m'ont paru élégantes, simples en construction, et surtout utiles pour les végétaux qu'elles renferment. Je sais que la plupart des serres que j'ai admirées tiendraient très bien leur place ici; mais borné par le temps, il ne m'a pas été possible de prendre tous les plans que j'aurais désirés. J'ai consacré la plupart de mes momens à l'observation des cultures, en cherchant seulement à fixer dans ma mémoire tous les détails qui, sans être d'une nécessité absolue au cultivateur, lui deviennent cependant très utiles. Il existe un ouvrage anglais sur les serres, publié par M. *By. George Tod*, que M. le baron Delessert a bien voulu me confier depuis mon retour; on y trouve des renseignemens précieux pour la construction des principales serres anglaises qui y sont figurées. Celles qui se trouvent dans la relation que je publie n'y sont pas indiquées.

Les soins de culture donnés à toutes les plantes de serre, méritent d'être connus par ceux des cultivateurs qui n'ont pas encore visité l'Angleterre. Ces observations ne suffiront certainement pas, parce que je resterai bien au-dessous de ce que l'on en pourrait dire d'intéressant; mais j'ose croire qu'elles engageront peut-être quelques nouveaux adeptes à aller consulter l'art et la pratique de nos voisins, qui laisseront certainement à des hommes plus pénétrans que moi, la facilité de rendre quelques services à notre pays. Si cette relation ne me donne pas cette douce satisfaction, elle me donne du moins celle, en rendant un compte exact de tout ce que j'ai observé, de pouvoir faire un essai de comparaison de l'état de l'horticulture des deux nations.

On aime à admirer ces habitations végétales où l'on reconnaît le talent du jardinier : le bel arrangement des plantes, les soins qu'elles reçoivent individuellement, les entretiennent dans un état brillant de fraîcheur et de santé. Chaque individu, soigné selon que l'exige sa nature, retrouve en quelque sorte un sol natal et une atmosphère en rapport avec celle de sa patrie. Telles on voit les fougères se plaire dans les lieux humides et ombragés, et quelques espèces dans les jointures des pierres; telles on les trouve dans les cultures de MM. Loddiges frères. Cette belle et curieuse famille des orchidées, dont plusieurs espèces cherchent un appui sur les troncs des arbres aux dépens desquels elles vivent en enfonçant dans leur partie corticale leurs suçoirs radiculaires, et abandonnant en quelque sorte leur soutien pour laisser pendre leurs rameaux irrégulièrement, de manière à donner l'idée d'une végétation aérienne, se fait remarquer dans la plupart des jardins de l'Angleterre. On y voit encore quelques autres espèces de cette famille qui embellissent les lieux frais et ombragés.

Les majestueux palmiers, qui dans leur pays originaire atteignent une hauteur considérable, semblent dans la belle serre de MM. Loddiges destinée à conserver ces colosses de végétaux étrangers, ne demander que l'emplacement convenable pour arriver à leur état naturel d'accroissement. Les plantes aquatiques des régions chaudes y occupent aussi une place qui, quoique restreinte, permet encore de suivre leur culture; leurs habitudes peu conformes à celles des autres végétaux paraissent à peine modifiées. C'est ainsi que dans un petit espace, se trouvent réunies les productions végétales des deux hémisphères, qui semblent adopter la patrie de ceux qui les soignent et les protègent.

Une chose extrêmement utile et que l'on approuvera sans doute comme moi, ce sont les cuvettes qui contiennent les eaux d'arrosement; elles sont toujours disposées dans la serre de façon à être à peine visibles, sans occuper aucune place que l'on pourrait destiner à autre chose, et sans entraver aucun arrangement. On les trouve encaissées dans les sentiers de la serre, et recouvertes d'une large planche que l'on lève à volonté. Cette planche fait que le passage n'est pas interrompu, et qu'il y a moins d'évaporation qui humidifie l'atmos-

phère (1); l'eau est entretenue à un degré de température tout-à-fait en rapport avec celui de la serre.
On a déja pris l'habitude de placer des cuvettes dans
l'intérieur de nos serres, parce que l'on a senti que
les plantes entretenues à un degré de température
élevée, ne peuvent être arrosées sans inconvénient
par une eau dont la température serait trop inférieure. Cette expérience prouve que pour faire prospérer la culture, il ne faut pas s'écarter de l'analogie. En procédant toujours de la sorte, on est assuré
d'arriver plus promptement et quelquefois plus directement à la réussite.

On ne voit pas, comme en France, les bâches des
serres comblées de tan dans lequel on enfonce les pots.
Les Anglais ont senti l'inconvénient qui résulte de
l'emploi de cette matière par l'excessive chaleur simultanément produite lors de la fermentation. Je n'en ai
remarqué dans aucune des serres que j'ai visitées, si
ce n'est pour la culture des ananas, comme je l'indi-
querai au chapitre des primeurs ; les pots ne sont
même pas enterrés, ils sont posés sur du sable, sur des
dallés, des tablettes ou planchers à claire-voie, le tout

(1) Quelques espèces de plantes se plaisent ou s'entretiennent en bon état dans une atmosphère humide; mais d'autres
souffriraient de cette humidité. C'est ce qui arrive dans le premier cas à tous les végétaux qui ont une consistance ligneuse,
tels que la plupart des plantes de la Nouvelle-Hollande ; et
c'est aussi ce qui arrive dans le second pour les plantes qui
ont une consistance herbacée, et beaucoup de plantes de serre
chaude, que la chaleur entretient dans une végétation continuelle.

sans une profonde excavation. Souvent le milieu de la
serre, au lieu d'être une bâche creusée, présente des tablettes placées en gradins. Cette méthode permet d'é-
tager les plantes qui, dans cet état, offrent un coup
d'œil plus agréable. Il semblerait que les plantes ainsi
placées devraient souffrir; mais en réfléchissant que
ce qui leur est le plus nuisible est l'humidité que le
tan, la terre ou le terreau procurent, on sentira l'a-
vantage de cette pratique. Cette humidité, jointe à
celle dont l'atmosphère de la serre est toujours plus ou
moins chargée, entretient les plantes dans un état de
végétation assez souvent languissant, leur cause quelquefois des maladies, une pousse précipitée qui reste
long-temps herbe, et produit l'étiolement, la chan-
cissure et souvent même la pourriture. Les arrosemens
et les aspersions sur les feuilles en temps opportun,
donnent l'humidité qui convient aux végétaux de serres:
il est toujours moins pernicieux pour ces végétaux
d'humidifier que de sécher. Je suis d'autant plus assuré
que les plantes se trouvent bien de cette culture, que je
les ai observées mieux portantes que dans nos cultures
françaises. (Je parle en général; car je pourrais citer
des cultures françaises où l'on admire la santé des
plantes.) Chez nous, on leur trouve, même dans l'état
que nous appelons la santé, un air de faiblesse qui
se ressent toujours plus ou moins d'une température
factice, tandis que ceux de l'Angleterre ont une santé
plus rustique et d'autant plus vigoureuse et soute-
nue, que les pousses ne sont pas vivement provoquées
en développement par une trop grande humidité; aussi,

en pareil cas, la culture en est bien moins assujétis-
sante : les plantes sont plus aptes à supporter quelques
fautes ou quelques négligences de soins, causées
par le manque de temps ; ce qui peut arriver
fréquemment chez nous, où les nombreux travaux
confiés à un seul individu ne permettent pas toujours
de les effectuer à point nommé.

Les plantes sont visitées souvent pour les nettoyer;
on ne leur trouve jamais de feuilles mortes ni de parties altérées ; les tuteurs sont toujours assujétis et les
liens souvent renouvelés, de manière qu'ils sont toujours frais ; la terre des pots est fréquemment binée
et quelquefois couverte de terreau qui provient, à ce
qu'il m'a semblé, de détritus de végétaux ligneux : ce
terreau est renouvelé souvent. Ce procédé m'a paru
avantageux pour la santé des plantes : l'acide carbo-
nique provenant de la décomposition de ces matières
végétales, ne doit pas peu contribuer à entretenir la
vitalité par son carbone. En entrant dans les serres
anglaises, il est difficile de remarquer une négligence,
même peu importante.

On se sert de nattes pour couvrir les serres l'hiver,
et pendant les chaleurs d'été, on ombrage les châssis
avec des claies légères faites en bois, ou avec des toiles.

La terre qui sert à alimenter les plantes de serres est
ou simple, ou composée : c'est du loam pur, ou de la
terre de bruyère pure, ou du loam mêlé avec du sable
fin, ou de la terre de bruyère : cette dernière n'est
employée seule que pour les plantes les plus délicates.

Dans ce chapitre, je ne comprends que les serres

destinées à recevoir les végétaux d'ornement, ou de collection; dans un chapitre suivant, qui aura pour objet les primeurs, je parlerai des serres que l'on rencontre dans ces sortes de cultures.

Je commencerai par la belle serre de M. le duc de Northumberland, qui est un bâtiment somptueux dont la construction décèle le goût prononcé de ce prince pour la culture; c'est vraiment un monument digne d'un souverain. Lorsque je l'ai vue, on était encore occupé à construire, pour augmenter un de ses côtés; mais j'ai pu juger de l'ensemble, la serre principale étant achevée et commençant même à être garnie de plantes, et la partie en construction étant déja avancée. Il me serait difficile de décrire toutes les beautés de cette serre avec l'exactitude qui convient à son mérite en tous genres; cependant je ne puis m'empêcher d'en parler, et je regrette de ne pas pouvoir joindre une figure à mes observations.

Que l'on se représente un terrain d'une assez grande étendue, à une extrémité duquel se trouve un vaste bâtiment d'une forme circulaire, à toits plats et vitrés, les deux façades vitrées de même, et les châssis de ces façades de la hauteur du bâtiment, tout en fer; le devant de la serre est garni de colonnes, dont le sommet est sculpté; elles surmontent un perron composé de plusieurs marches. Le milieu de ce bâtiment est une galerie, surmontée d'un dôme vitré très élevé. Chaque extrémité de ce bâtiment fait saillie sur le reste. En général, c'est une serre d'un goût exquis et d'une élégance achevée; elle est divisée en

plusieurs compartimens , dont on élève la température
selon le besoin des végétaux que l'on y cultive. Plusieurs de ces compartimens sont destinés à recevoir les
plantes que l'on abandonne à leur accroissement naturel, en les livrant à la pleine terre ; les autres sont
composés de gradins placés en amphithéâtre de la base
au sommet, en laissant sur le devant le chemin de promenade ou de service. Ces gradins sont des tablettes
à claire-voie tout en fer ; ils sont d'une parfaite élégance : sur le derrière de ces gradins, il y en a d'autres
placés supérieurement, qui sont destinés à recevoir les
plantes qui aiment la lumière, mais qui craignent le soleil ardent du midi : on y arrive par des petits escaliers
de service, qui ne sont pas moins élégans que le reste.
Le milieu de la serre ou dôme est très vaste ; on y cultive en pleine terre des végétaux déjà remarquables par
leur force. Le sommet du dôme s'ouvre au besoin,
pour donner de l'air à la serre, et quoique la hauteur
en soit considérable, par un simple mécanisme, un
homme seul, sans efforts, peut du bas donner l'ouverture qui est jugée nécessaire. Les tuyaux de chaleur, en
fer, sont d'une moyenne capacité : il y en a deux os-
tensibles derrière les gradins, dans une cavité pratiquée
pour les recevoir. Ces tuyaux sont ajustés à colliers.
Cette serre est chauffée à la vapeur : un seul fourneau
et un seul réservoir entretiennent la chaleur de ce vaste
bâtiment ; l'aire de cette serre est dallée avec goût.

On n'y trouve pas encore un grand nombre de végétaux ; mais le peu que l'on y remarque, offre un beau
coup d'œil par le bel arrangement qui annonce que,

lorsque tout sera terminé, ce sera un lieu que le curieux de toutes les nations aimera à visiter, comme objet unique en ce genre. On voit fort peu d'orangers en Angleterre, je dois donc citer ceux qui se trouvent dans une partie de cette serre : ils sont d'une grandeur moyenne et dans un bel état de végétation : on les cultive en pots. Il y a aussi dans cette propriété plusieurs autres serres destinées à la culture des plantes d'ornement ; comme elles m'ont paru ordinaires, je ne les citerai pas ici.

Kew est le jardin par excellence pour le grand nombre de plantes que l'on y cultive. Ce jardin est d'autant plus remarquable que l'on y trouve de très anciennes plantes qui ont acquis une très grande dimension. A la vue de cette quantité de serres et des végétaux qu'elles contiennent, nous pouvons voir jusqu'à quel point les Anglais nous surpassent. Ces anciens végétaux, monumens honorables du goût des Anglais nous prouvent qu'ils ont commencé avant nous.

A peu de distance de l'entrée du jardin, on remarque, à droite, une grande serre isolée, destinée aux palmiers ; plusieurs se font remarquer par leur force. En pénétrant plus avant, on entre dans le lieu où sont réunies les différentes serres : une d'elles qui se distingue des autres par sa hauteur et par son étendue en longueur, est divisée en trois parties ; la première, garnie de tablettes en gradins de bas en haut, contient une superbe collection de *géranium* : le choix, les nombreuses variétés et leur heureux arrangement, sont dignes d'attention ; la seconde, ou le milieu de la serre, contient

des plantes de serre chaude : on en remarque plusieurs qui sont peut-être uniques pour leur accroissement ; et la troisième partie, garnie de tablettes de
même que la première, contient une collection très
étendue de plantes grasses, parmi lesquelles il s'en
trouve de très fortes.

Une autre serre à deux pans, non moins remarquable, est destinée à conserver des plantes d'une
température moyenne. Cette serre a l'avantage d'a-
voir sur chacun de ses côtés deux petites bâches
vitrées, qui sont chauffées par les conduits de la
serre, auxquels on a laissé à dessein des bouches
de chaleur. Les plantes sont posées de chaque
côté sur des tablettes à claire-voie ; le chemin se
trouve au milieu. Cette serre m'ayant paru très utile
à cause de ces bâches adossées sur elle, et étant surtout d'une construction simple, je l'ai figurée, pl. X.

Les ficoïdes étant une famille de végétaux qui demande des soins particuliers, une petite bâche, d'une
commodité facile, leur est destinée. Je l'ai figurée,
pl. XVI, fig. 3 ; elle est enfoncée, et présente dans
l'intérieur un plancher, supportant les plantes, qui ne
se trouve pas très éloigné des châssis. Au-dessus de ce
plancher se trouve une tablette fixée aux barres ; elle
porte des pots qui contiennent les petites espèces ; le
long du mur le plus élevé est une autre tablette destinée au même usage. Comme cette serre doit être entretenue, plus que toute autre, toujours bien sèche-
ment, le conduit de chaleur en fait le tour.

Le sol, devant cette bâche, est dallé jusqu'à la dis-

tance de six pieds en largeur sur toute sa longueur;
sur le derrière se trouve une espèce de plate-bande
élevée, moins large. Ces deux dernières parties sont
établies pour recevoir les ficoïdes lorsqu'on les sort
de la serre, ce qui forme deux expositions différentes,
avantageuses pour les espèces que l'on sait se plaire
mieux à l'une qu'à l'autre.

Il y a plusieurs autres serres auxquelles je ne m'arrêterai pas; il me suffit de dire que quoiqu'elles paraissent d'ancienne construction, elles présentent de
l'utilité et de l'agrément, et que les plantes s'y trouvent
en fort bon état.

Devant plusieurs serres on trouve de petites bâches
vitrées adossées contre elles qui rendent service pour
diverses cultures; elles sont ordinairement à angles
arrondis : ce genre de constructions flatte l'œil.

Devant une des serres de ce jardin, il se trouve un
compartiment d'un dessin simple, mais qui atteint
parfaitement le but auquel on le destine : c'est
un lieu de réunion en masse des végétaux de serre que
l'on y place lorsqu'on les sort. J'en donne la figure,
pl. XI.

J'ai remarqué, dans presque toutes les serres que
j'ai vues, que les traverses qui supportent les châssis
saillissent au-dessus d'eux de dix-huit lignes à deux
pouces. Chez nous, au contraire, on voit rarement les
barres, quand il y en a, excéder les châssis; le plus
souvent ils sont rapprochés les uns des autres, sans
laisser apercevoir la traverse qui est couverte. Les
cultivateurs anglais prétendent par ce moyen mieux

fixer les châssis, parce qu'ils se trouvent emboîtés. Pour donner de l'air aux bâches, quand les châssis qui les couvrent sont composés d'une seule pièce, on les tire du bas, en laissant au sommet l'ouverture que l'on juge convenable, et pour que les châssis restent fixes dans cet état, on se sert d'une cheville de bois, aplatie à l'une des extrémités, et enfoncée avec force entre le châssis et la traverse. Les serres qui ont des châssis droits sur le devant, s'ouvrent à coulisses, en les poussant les uns sur les autres; ils sont posés sur des roulettes en fer, enchâssées dans une rainure faite sur la partie inférieure du cadre.

Dans le parc du régent, que j'ai cité dans un chapitre précédent, se trouvent une pépinière et un petit jardin dont j'ai parlé; j'y ai vu une serre destinée aux géranium; par sa grande simplicité, l'élégance de l'intérieur, et sa disposition, elle m'a paru digne d'être figurée. Pl. XII.

Dans cet établissement qui n'offre rien de remarquable en comparaison des autres jardins que j'ai visités, j'ai fait une observation que je citerai ici.

Je me suis arrêté devant des encaissemens en forme de bâches, faits de fumier gras taillé en mottes placées les unes sur les autres comme un mur. Ces sortes de bâches servent à garantir pendant l'hiver les plantes qui n'exigent qu'un certain abri; on les couvre de gaulettes sur lesquelles on met des nattes. Pendant l'été, elles servent à recevoir des plantes dont on veut prolonger la floraison : on étend au-dessus une toile, qui intercepte les rayons solaires qui poussent promptement la floraison ; d'autres , comblées de terre, servent à divers semis que l'on abrite, ou à des plantes que l'on veut marcotter. Cette grossière construction prouve l'intelligence du cultivateur ; elle peut rendre des services non moins grands que ceux que l'on trouve dans les constructions de luxe.

Je passerai maintenant à l'un des établissemens marchands le plus remarquable de Londres, et peut-être de l'Angleterre ; il mérite d'être cité comme modèle : c'est l'établissement de MM. Loddiges frères.

A l'entrée de cet établissement, on voit une bâche simple et fort commode, qui est adossée à un mur qui divise le jardin : cette bâche a 570 pieds de longueur. Le chemin se trouve au milieu, entre deux encaissemens ; les conduits de chaleur passent le long du petit mur de devant. Je l'ai figurée, pl. XIII.

De cette bâche on passe dans une grande serre toute en fer, admirable pour sa construction : elle est circulaire et vitrée partout ; et destinée à la culture des *camellia*, dont on trouve un grand nombre de variétés obtenues de semence (1). La plupart des individus qui la garnissent sont d'une rare dimension. Ils sont en pots , et posés sur des encaissemens qui ne

______

(1) On fait en Angleterre beaucoup de semis de camellia : le CAMELLIA *anemoneflora* est l'espèce qui leur fournit le plus de graines, on en tire aussi sur toutes les variétés qui ne sont pas parfaitement doubles et qui présentent quelques parties fructifères. Souvent on fait usage de la fructification artificielle, et pour l'opérer on prend des fleurs du camellia simple qu'on met en contact avec d'autres variétés.

sont élevés des sentiers de la serre que par l'épaisseur
d'une brique: c'est un vaisseau d'une élégance parfaite:
cette serre réunit la bâche que j'ai citée avec une autre semblable qui en est une continuation. Dans l'une
et dans l'autre, les murs sont garnis de plantes palis-
sées. À l'extrémité et sur la même ligne, il s'en trouve
une autre à deux pans irréguliers, dont un supporte
des châssis immobiles. Le milieu, qui a une grande
largeur, est soutenu par des petites colonnes; au centre, il y a un encaissement destiné à recevoir des végétaux de pleine terre; un sentier en fait le tour.

De cette serre on entre dans une autre petite à deux
pans, qui est exposée à l'ouest et qui forme un angle
aigu avec celles que nous venons de visiter; elle joint
cette première ligne de serre avec une autre ligne qui
lui est parallèle. Cette serre a 192 pieds de longueur;
le chemin de service est au milieu, et les deux côtés
sont garnis de tablettes à claire - voie : elle est très
sèche, s'échauffe fort bien, et convient parfaitement
aux liliacées qui y prospèrent.

Ici commence cette autre ligne de serres qui est à
peu près de la même longueur que la précédente, à
laquelle elle est parallèle. Ces serres sont destinées à
recevoir les plantes qui demandent une température
supérieure; celles en pots sont posées sur des tablettes
encaissées, et d'autres livrées à la pleine terre, garnissent les murs. Il y a deux conduits de chaleur, qui
sont placés sur le devant et au-dessous de la tablette.
Vers le milieu de cette ligne se trouve une serre d'une
hauteur et d'une étendue considérable, et dont le

sommet est voûté. Elle est ainsi distribuée, sans séparation, sur le devant (au midi), on remarque des
plantes d'espèces variées, en *palmiers*, *cycas*, *zamia*,
et diverses autres de serre chaude. Au centre, se
trouvent les *palmiers* qui sont d'une hauteur remarquable ; et sur le derrière, la serre est à deux pans (au
nord), la nombreuse collection de fougères et plusieurs plantes de la famille des *orchidées*. Cette grande
serre, sans division distincte intérieurement, paraît
en former extérieurement, par le milieu, qui a une
grande élévation par rapport aux côtés : le tout est
vitré.

L'espace occupé par les serres dans cet établissement
est au moins de 1500 pieds : les plantes qu'elles renferment sont toutes bien portantes. Si le temps est sec,
dans la soirée de chaque jour, on passe dans les serres
avec une pompe portative, en lançant de l'eau indis-
tinctement sur toutes les parties de chaque plante ;
ce qui fait qu'on les voit toujours propres. On remarque encore une autre méthode d'arrosement, très
ingénieuse, que je n'ai vu mettre en usage que dans
cet établissement. Cet arrosement se fait par des petits
conduits, de huit lignes de capacité, placés de chaque
côté de la serre, en la longeant, au-dessus des plantes
et vers le milieu des masses, pour que toutes reçoivent
également les eaux : ces conduits sont criblés de petits
trous fins. Il y a un réservoir qui alimente ces conduits, qui ont, à certaines distances, des robinets qui
laissent échapper les eaux en pluie fine et abondante
dans l'endroit où l'on veut arroser. Cette opération se

fait toujours après le coucher du soleil, et produit un excellent effet pour la santé des plantes soumises à cet arrosement.

Les plantes, dans ces serres, sont rangées avec ordre; toutes celles de même espèce sont réunies; cet arrangement qui ne charme pas autant la vue que celui que procure une belle variété dans le feuillage et les fleurs dont l'effet est recherché dans les serres des amateurs et des curieux, est avantageux pour les marchands, qui peuvent offrir à choisir, sans chercher les individus. Les plantes que l'on expose à l'air l'été, sont placées dans des plates-bandes encaissées, qui se trouvent devant les serres. On voit aussi, dans cet établissement plusieurs rangées de coffres avec châssis ordinaires, qui sont entourés de terre, au lieu de feuilles ou de fumier, comme on le fait ordinairement pour empêcher le froid de pénétrer; cette terre est retenue par du gazon que l'on plaque autour.

Un seul feu entretient le chauffage de toutes ces serres; les conduits correspondent entre eux.

Les espèces de palmiers que l'on voit en Angleterre sont nombreuses. Je vais indiquer les différens genres que l'on y trouve, et ensuite quelques-unes des espèces qui ont le plus particulièrement fixé mon attention. C'est à Kew, et chez MM. Loddiges surtout, où j'en ai observé un plus grand nombre.

Les genres sont : *Attalea*, *Acrocomia*, *Astrocaryum*, *Areca*, *Bactris*, *Borassus*, *Cocos*, *Chamærops*, *Corypha*, *Calamus*, *Carludovica*, *Chamœdorea*, *Desmoncus*, *Diplothemium*, *Elais*,

Elate, *Euterpe*, *Geonoma*, *Gomutus*, *Hyphæne*, *Latania*, *Licuala*, *Lontarus*, *Manicaria*, *Mauritia*, *Maximiliana*, *Œnocarpus*, *Phœnix*, *Sabal*, *Seaforthia*, *Sagus*, *Syagrus*, *Thrinax*, *Wallichia*, des *Cycas* et des *Zamia*.

Les espèces sont :

ARECA *montana*, très fort, ayant déjà un commencement de stipe assez gros.

ARECA *crinita*; ARECA *triandra*.

ACROCAMIA *horrida*.

ATTALEA *compta*, ATTALEA *funifera*, ATTALEA *rubra*, ATTALEA *triandra*.

BACTRIS *guianensis*, BACTRIS *setosa* et un Bactris *macrocanthos*, très fort.

CHAMÆROPS *excelsa*, plante très forte, port élégant. Cette espèce est remarquable par des écailles fines et frisées qui garnissent le pétiole dans toute sa longueur, particulièrement sur les côtés.

CORYPHA *australis*, CORYPHA *elate*.

CALAMUS *verus*.

COCOS *plumosa*, COCOS *botryapium*.

DESMONCUS *orthocanthus*.

EUTERPE *globosa*, EUTERPE *pisifera*.

ELATE *sylvestris*.

ELAÏS *pernambucana*.

GOMUTUS *saccharifer*, très fort, pied couvert de filamens noirs mêlés.

GEONOMA *schottiana*.

MAXIMILIANIA *regia*.

ŒNOCARPUS *batana*.

Syagrus *cocoides*.

Sagus *rumphii*, sagus *ruffia*, très forte espèce remarquable par les taches grises qui couvrent les pétioles des feuilles.

Sabal *minor*, très belle espèce assez élevée.

Sabal *blackburniana*, très beau feuillage glauque, formant un bel éventail.

Sabal *graminifolia*, feuilles plus glauques et plus lâches que celles de l'espèce précédente.

Thrinax *argentea*, thrinax *elegans*, thrinax *parviflora*, thrinax *pumilio*.

Wallichia *caryotoides*, très fort.

J'ai remarqué aussi le Cycas *glauca*, les Zamia *pumila* en fleur, zamia *debilis* en fleur, zamia *cafra*, zamia *cicadifolia*, zamia *media*, zamia *prunifera*, zamia *latifolia*, et un zamia *pungens* dans une serre des jardins de Kew, qui a 12 pieds de face; son stipe a 2 pieds de hauteur sur 18 pouces de diamètre. Il a des feuilles qui ont au moins 7 pieds de longueur, encore sont-elles courbées.

Je m'arrête dans la citation de ces belles plantes de la famille des palmiers et des cycadées, qui sont toutes d'une beauté et d'un luxe de végétation tel, qu'il semblerait que la nature s'est plue à répandre sur elles tous les charmes du règne végétal. Leur *facies* considéré avec leur accroissement et leur organisation particuliers aux autres végétaux, démontrent que la ligne de démarcation est bien établie (1), par les botanistes

(1) *Monocotyledons*, *dycotyledons* ou *polycotiledons*, division confirmée par le célèbre professeur Desfontaines, qui a

physiologistes, est fondée. S'il m'était possible de joindre quelques descriptions scientifiques aux espèces
qui figurent dans mes notes recueillies en Angleterre,
je ne négligerais pas de les citer toutes. Je me borne
à ne parler que de quelques-unes des espèces les plus
rares et les plus remarquables par l'accroissement
qu'elles ont acquis dans les cultures anglaises.

Nous pouvons compter au nombre de nos cultures françaises une superbe collection de ces belles
plantes. Si elle n'est pas aussi nombreuse en espèces
que le sont celles de l'Angleterre, elle présente du
moins des individus qui rivalisent de force avec ceux
que l'on voit dans ce pays. M. Fulchiron, propriétaire à Passy, près Paris, a réuni, dans une serre
spécialement destinée à cette culture, tous ces beaux
végétaux (palmiers et cycadées) auxquels il a voulu
conserver le caractère qu'on leur trouve dans leur lieu
originaire, en leur donnant des vases assez grands afin
qu'ils pussent prendre un bel accroissement. Il est fâcheux que ce soit toujours l'emplacement qui arrête
leur extension ; en peu de temps, nous nous croirions
transportés dans les régions chaudes où la nature, pro-
digue de ses dons, se montre sous des formes qui sont
tout-à-fait étrangères à celles qui nous sont familières.

Nous devons être glorieux d'avoir en France des
amateurs que l'on puisse mettre en parallèle avec
ceux de la terre classique de l'horticulture. Je ne

fait connaître le premier la véritable organisation des végétaux monocotyledons comparée avec celle des dycotile-
dons.

puis dissimuler le sentiment que j'éprouve, tout
en admirant les cultures anglaises, en pensant
que nous avons ici, comme dans ce pays, de vrais
amis de l'horticulture. Si ces végétaux attirent à
leur propriétaire les éloges, justement mérités, des
savans français et étrangers, ils ne font pas moins
d'honneur à l'horticulteur habile à qui leurs soins de
culture sont confiés.

La collection de fougères, chez MM. Loddiges, est
assez étendue pour qu'elle mérite d'être citée ; comme
je n'en ai pas encore vu une aussi considérable, et
qu'elle est dans un bel état de conservation, je vais
décrire la méthode de culture que ces végétaux reçoivent. A la suite de cette culture, je noterai les espèces
que j'ai observées.

Les fougères, comme je l'ai dit précédemment, sont
placées dans une partie de la grande serre aux palmiers, où elles sont toutes réunies (c'est-à-dire les
espèces de serre) en faisant face au nord. Elles sont
en pots qui sont placés sur la surface d'une bâche, qui
tient le milieu de cette partie de la serre destinée à les
recevoir. Les pots ne sont pas enterrés ; plusieurs espèces sont placées sur des pots renversés, de manière
à ce qu'elles puissent étendre leurs feuilles sans tou-
cher à la terre. Les pots qui les contiennent sont de
différentes dimensions, selon l'accroissement des individus. Ces plantes sont substantées par de la terre de
bruyère pure, ou un mélange de cette terre avec le loam.
Souvent et selon les espèces qui vivent dans des fis-
sures des rochers, on remarque que l'intérieur des pots

contient des parties de briques ou de pierres poreuses : leurs racines trouvent ainsi une position qui les entretient comme dans leur état naturel. La surface des pots et la surface du sol de la bâche sont couvertes de mousses qui conservent de l'humidité par leur feuillage ; c'est particulièrement le Sphagnum *palustre* qui est employé à cet usage. On y laisse croître les herbes pour procurer encore plus de fraîcheur. Les plantes sont entretenues dans une humidité constante ; chaque jour on les arrose, on lave les feuilles à la pompe. J'ai remarqué des jeunes plants venus naturellement de semence qui croissaient parmi les mousses. La serre, par sa position, est ombragée ; ces plantes aiment préférablement cette situation. Elles se plaisent dans une atmosphère humide, dans un lieu ombragé, et dans un sol frais et léger.

Les principales espèces que j'ai observées sont :

Aspidium *mucronatum*, très élégante espèce ; les dentelures des feuilles sont si régulières, que les folioles forment sur la surface supérieure des lignes directes sur toute la longueur. Une dent, la plus rapprochée de la nervure principale, forme la ligne la plus remarquable.

Aspidium *ramosum*, stipe irrégulier coloré de violet.

Aspidium *exaltatum*, feuilles pinnées, pinnules distantes ; espèce élégante.

Aspidium *arboreum*, cette espèce a un stipe qui a déjà une certaine hauteur.

Aspidium *stellatum*, grande espèce.

(93)

Aspidium *fraxinifolium*, espèce à stipe, feuilles imitant celles du frêne.

Asplenium *bipartitum*.

Asplenium *monanthum*, petite espèce délicate.

Asplenium *marinum*.

Asplenium *zamiæfolium*, très belle espèce par l'élégance de ses feuilles.

Asplenium *nidus*, superbe espèce, feuilles simples, entières, lancéolées, ovales, sans pétiole, luisantes et rougeâtres au sommet et sur les bords de la nervure médiane; nervures horizontales très fines, nombreuses, faisant corps avec l'expansion foliacée.

Asplenium *triangulare*, feuilles imitant parfaitement un triangle.

Asplenium *shepherdii*, espèce à stipe.

Asplenium *nietuos?* jolie et grande espèce.

Asplenium *præmorsum*, espèce remarquable par la délicatesse de son feuillage; pétiole aplati, sillonné au sommet.

Adianthum *cuneatum*, petite espèce délicate, d'un vert clair et d'une légèreté admirable.

Adianthum *trapeziforme*, espèce caractérisée par la forme de ses feuilles.

Adianthum *pubescens*, remarquable par ses jeunes pousses rouges.

Adianthum *pendulinum*, petite espèce d'un vert foncé, feuillage fin, pétiole de même et violet.

Adianthum *tenerum*, petite espèce fort jolie.

Acrostichum *aleicorne*. Je cite cette espèce pour la grosseur de l'individu qui existe dans la collection, et pour les expansions foliacées radicales qui sont d'une très grande dimension.

ACROSTICHUM *longifolium*, feuilles lancéolées, ovales, correctement pétiolées, pétioles et nervures médianes, munies d'écailles nombreuses, étroites ; feuilles bordées par des écailles soyeuses exactement appliquées sur la surface.

ACROSTICHUM *sorbifolium*, espèce à stipe.

ALLANTODIA *umbrosa*, beau feuillage fin.

BLECHNUM *occidentale*, très élégante espèce.

BLECHNUM *brasiliense*.

CYATHEA *arborea*, *grande fougère en arbre de la Jamaïque*; très belle et très grande espèce à feuilles tripinnées, pinnules régulièrement et finement dentées; pétiole gros, écailleux inférieurement, et couvert de lignes noires; feuilles s'atténuant au sommet.

DIPLAZIUM *plantagineum*, petite espèce, ayant les feuilles semblables à celles du plantain.

DIPLAZIUM *arboreum*, grande plante.

DAVALLIA *inidata*, stipes rameux, velus, irréguliers.

DICKSONIA *scandens*, stipe de deux pieds de hauteur, irrégulier, grêle; plante remarquable.

DICKSONIA *arborea*, stipe court, feuilles bipinnées couvertes à la base d'un long duvet soyeux et mêlé, brun, le pétiole et les péliolules couverts du même duvet, mais très court; feuilles sèches d'un vert clair grande espèce.

DICKSONIA *culcita*, espèce à stipe, pétioles gros,

munis d'écailles rares en haut, plus nombreuses en bas, feuilles pinnées, d'un vert noir; grande espèce.

DICKSONIA *antarctica*, espèce à stipe, feuilles élégantes, longues, tombantes, bipinnées; pinnules régulières, d'un vert gai; pétiole garni d'écailles nombreuses rapprochées, linéaires; espèce admirable.

GYMNOGLAMA *hemionitis*, feuilles radicales, d'un vert sombre, très glauque, et même pulvérulentes inférieurement.

LYGODIUM *circinatum*, stipe volubile.

NIPHOBOLUS *rupestris*, stipes faibles et rampans garnis de feuilles petites, ovales, coriaces, épaisses, comme scrupacées supérieurement, et inférieurement couvertes d'écailles.

PLEOPELTIS *latifolia*, petite espèce remarquable par ses stipes rampans et grêles.

POLYPODIUM *butcharinea*.

POLYPODIUM *juglandifolium*.

POLYPODIUM *pectinatum*, feuilles pinnées, correctement pétiolées, pinnules régulières sur deux rangs, sans dentelures, incisées jusqu'à la base, le sommet des pinnules roulées sur elles-mêmes; pétiole et nervure médiane violets inférieurement, dans les feuilles avancées, et vert supérieurement, très velu partout.

POLYPODIUM *attenuatum*, feuilles radicales simples, linéaires, épaisses.

POLYPODIUM *pertusum*, feuilles radicales longues, très épaisses.

POLYPODIUM *brasiliense*, très belle espèce à stipe, feuilles étroites, longues, simples, irrégulièrement ondulées ; nervures horizontales peu marquées , irrégulières ; nervure médiane violette ; les feuilles sont d'un vert sombre.

POLYPODIUM *phyllitidis*, feuilles lancéolées entières , d'un vert clair , nervure médiane inférieurement violette , et d'un jaune vert supérieurement ; nervures des folioles rapprochées et marquées.

POLYPODIUM *phyllitoides*. Cette espèce a beaucoup de rapport avec la précédente ; mais elle présente un port plus délicat ; elle est plus petite, la nervure médiane est extrêmement fine.

POLYPODIUM *decumanum*, pétiole long et grêle, feuilles pinnées, pinnules longues, éparses, régulièrement étoilées vers la partie supérieure du pétiole.

POLYPODIUM *arcotinum*, beaucoup de rapport avec le polypodium aureum, mais plus petite dans toutes ses parties.

POLYPODIUM *cœspitosum*, petite espèce à stipes, faibles et rampans ; feuilles simples, ovales, lancéolées, ondulées, sèches, remarquables par les nervures horizontales brisées.

POLYPODIUM *trifoliatum*, espèce à stipe.

POLYPODIUM *repens*, feuilles lancéolées entières, déchiquetées sur les bords, coriaces, épaisses ; nervure médiane saillante des deux côtés ; fructification nombreuse, fine et irrégulière sur les feuilles.

POLYPODIUM *effusum*.

POLYPODIUM *angustifolium*, feuilles lancéolées, linéaires, coriaces.

PTERIS *pedata*, fort jolie petite espèce ; feuilles

profondément divisées en trois folioles, les deux inférieures inclinées sur le pétiole qui est violet, les nervures médianes ont la même couleur, et les feuilles sont d'un vert foncé.

PTERIS *atropurpurea.*

PTERIS *elegans.*

PTERIS *leptophylla*, pétiole ailé supérieurement ; folioles, faisant corps avec la nervure médiane, finement dentées, avec un poil au sommet de chaque dent.

PTERIS *Plumerii*, espèce stipitée ; pétiole long, canaliculé, feuilles penchées très gracieusement ; feuillage très élégant.

PTERIS *chinensis*, espèce très grande, remarquable.

PTERIS *palmata*, petite espèce.

PTERIS *hastata*, les feuilles parfaitement hastées.

PTERIS *denticulata*, denticules régulières, très fines.

RADEA *affricana*, très grande espèce fort élégante; pétioles aplatis, comme membraneux, surtout à la partie supérieure où ils paraissent ailés; feuilles bipinnées, les pinnules sont distantes également, membraneuses de même; les folioles sont opposées et incisées jusqu'aux membranes.

WOODSIA *hyperborea.*

Les espèces de fougères que je viens de citer, ne sont pas les seules qui composent cette superbe collection ; je me suis seulement arrêté à quelques-unes des plus remarquables; j'en ai donné la description ici comme le peut faire un observateur qui a beaucoup à voir en peu de temps, et qui prend des notes, moins pour connaître tous les végétaux qui fixent son attention, que pour se les rappeler.

Je n'omettrai pas de dire que c'est chez M. Malcolm, pépiniériste, que j'ai vu la plus grande quantité d'orangers et les plus forts, quoiqu'ils ne soient que cultivés en pots. Cette quantité, bien minime en comparaison de celle que l'on trouve chez la plupart des jardiniers-fleuristes français, est notable pour l'Angleterre, où, je le répète, ces végétaux sont rares. J'en ai vu aussi quelques-uns dans le jardin de Kensington, mais qui ne m'ont pas semblé en bon état. J'ai pensé que l'orangerie, qui ne m'a pas paru assez aérée, ni assez éclairée, contribuait à leur donner cette végétation languissante. Quoiqu'ils soient tous en caisse, ils sont moins hauts, mais plus gros que la plupart de ceux que j'ai remarqués dans l'établissement de M. Malcolm.

Nous avons la satisfaction de pouvoir montrer à nos voisins d'outre-mer tout ce qu'il est possible de voir de plus beau dans ce genre de culture. Versailles, déja remarquable par son parc, ne l'est pas moins par la belle orangerie que cette ville peut compter au nombre de ses beautés. Ce lieu, déja bien connu par le grand nombre d'étrangers qui viennent sans cesse le visiter, a l'avantage de faire jouir en toute saison, et avec un nouveau plaisir, des charmes que procurent ces colosses végétaux surprenans par leur grosseur, leur hauteur et l'étendue de leur tête, toujours retenue comme on sait ; leur âge n'est pas moins digne d'attention. Le bon état où on les trouve en tout temps, parle en faveur de celui aux soins duquel ils sont confiés : c'est une preuve incontestable qu'il se rencontre parmi les cultivateurs français des hommes dont le mérite ne doit pas être moins reconnu que celui des cultivateurs anglais. Je pourrais rappeler encore ici un nombre d'établissemens français où l'on peut voir une quantité de ces sortes de végétaux, qui prouvent combien la culture de ce bel arbre s'est perfectionnée; les anciens cultivateurs la considéraient comme très compliquée, et nous, aujourd'hui, nous la regardons comme une des plus simples.

Le jardin de la Société d'Horticulture de Londres mérite d'être cité pour les serres que l'on y voit, et le grand nombre de végétaux qu'elles contiennent; on y remarque surtout une fort belle collection d'orchidées; plusieurs espèces de ce genre sont suspendues dans la serre; elles végètent dans des noix de coco. Ce fruit est communément employé pour la culture de ces plantes, qui s'y plaisent en enfonçant leurs suçoirs radiculaires dans le tissu fibreux dont l'enveloppe fructifère est totalement composée.

Je vais indiquer les différens genres de la famille des orchidées, que j'ai observés dans plusieurs serres de l'Angleterre; c'est particulièrement au jardin de la Société d'Horticulture, chez MM. Loddiges, à Kew et chez M. Colvill, que l'on trouve cette belle culture. Après l'énumération de ces genres, je noterai les espèces que j'ai vues en fleur.

Les genres sont :

Æranthes, Ærides, Aceras, Angræcum, Bletia, Brassavollia, Brassia, Broughtonia, Calanthe, Camaridium, Catasetum, Cattleya, Cymbidium, Cypripedium, Cyrtopodium, Dendrobium, Epidendrum, Eulophia, Fernandesia, Geodorum, Gomesia, Gongora, Goodyera, Ionopsis, Isochilus, Maxillaria, Neottia, Notylia, Octomeria, Ornithidium, Ornithocephalus, Oncidium, Polystachya, Pleurothallis, Prescotia, Rodriguezia, Sarcanthus, Stelis, Tribrachia, Trizeuxis, Vanda, Vanilla.

Les espèces sont :

PLEUROTHALLIS *racemosa*, feuilles radicales pétiolées, ovales, épaisses ; fleurs en grappes, petites, d'un jaune pâle ; le pédoncule part du sommet de chaque feuille ; plante basse.

CATTLEYA *labiata*, tige noueuse ; feuilles ovales, charnues, d'un vert glauque ; fleurs rose tendre, cinq pétales, dont le supérieur courbé en arrière, le pétale inférieur, ou mieux la lèvre inférieure voûtée.

CATTLEYA *Forbesii*, espèce moins haute que la précédente, feuilles opposées d'un vert tendre ; pétales d'un jaune vert, la lèvre inférieure en voûte, d'un jaune plus foncé extérieurement et marqué de taches rousses intérieurement, avec une tache, au milieu, d'un jaune encore plus foncé que les autres parties.

FERNANDESIA *elegans*, tige aplatie et comme articulée par les feuilles qui sont imbriquées et les unes dans les autres, plates comme la tige, très courtes ; fleurs petites, jaunes, portées sur un pédoncule grêle.

Oncidium *altissimum*, feuilles épaisses, canaliculées; tiges florales élevées; fleurs jaune pâle, pétales ondulés.

Oncidium *papilionaceum*, plante remarquable pour la ressemblance de ses fleurs avec un papillon; tige florale de dix-huit pouces; fleurs à trois pétales supérieurs, étroits, pourprés, avec une distance au milieu qui est colorée de vert; les trois pétales inférieurs tigrés, légèrement concaves, celui du milieu élargi à la base, jaune clair dans le centre et tigré à la circonférence.

Epidendrum *fuscatum*, feuilles ovales, engaînantes; fleurs petites jaune pâle, placées au sommet d'un long pédoncule grêle et faible.

Epidendrum *elypticum*, plante moyenne; tige noueuse; feuilles embrassantes, alternes, rapprochées, d'un vert sombre; pédoncule grêle au sommet de la tige; fleurs roses. Cette plante est garnie de racines blanches jusqu'à une certaine hauteur de la tige.

Calanthe *veratrifolia*, feuilles radicales atténuées en pétiole canaliculé à sa base, sillonné en dessous, comme plissées; fleurs blanches éperonnées, placées au sommet d'une tige florale de dix-huit pouces de longueur; plusieurs tiges florales sur la même plante.

Eulophia *exaltata*, pédoncule radical, long, grêle, glauque; fleurs éperonnées qui couvrent la moitié du pédoncule qui est écailleux; feuilles lancéolées trinerves; fleurs rouge pâle.

Cymbidium *aloifolium*, fort jolie espèce; pédoncule

radical pendant, couvert de fleurs assez rapprochées, d'un jaune mat, veinées de pourpre; feuilles lancéolées faiblement caulinaires. Cette plante est suspendue dans la serre.

Le jardin de M. Colvill, situé à Chelsea, est d'un grand intérêt pour tout ce qui le compose; on y trouve beaucoup de végétaux de pleine terre et de serre, et surtout une collection très étendue de bruyères qui sont dans le plus bel état de végétation, et des plantes bulbeuses : telles que *Amaryllis, Brunsvigia, Calostemma, Clidanthus, Crinum, Cyrtanthus, Eurycles, Gethyllis, Griffinia, Hœmanthus, Ismene, Nerine, Pancratium, Sternbergia, Vallota, Zephyranthes.*

Il y a une petite serre qui est particulièrement destinée à recevoir ces plantes. On y trouve, comme dans beaucoup d'établissemens anglais, une fort belle collection de plantes de la famille des géranium, tels que *Campyleia, Ciconium, Dimacria, Erodium, Geranium, Grielum, Hoarea, Isopetalum, Jenkinsonia, Monsonia, Otidia, Pelargonium.*

Les serres de cet établissement sont toutes commodes et agréables. J'ai remarqué avec intérêt une petite galerie, placée en avant-corps, qui forme la montre de cet établissement, où l'on voit toujours une succession de fleurs plus belles les unes que les autres. De cette galerie, on peut étendre la vue sur une ligne de serre, d'où l'on peut juger de la richesse de l'établissement. Une chose qui m'a paru très ingénieuse, c'est une large tente qui se trouve à l'entrée du jardin,

sous laquelle on met les végétaux destinés à la vente,
que l'on veut conserver plus long-temps fleuris : dans
ce lieu, ils sont placés en regard pour les amateurs.
Dans une des serres, il y a une masse de noix de coco
imitant un rocher, sur laquelle se trouvent plusieurs
plantes de la famille des orchidées.

L'établissement de M. Lée, à Hammersmith, n'est
pas au-dessous de la haute réputation qu'il a acquise; on y trouve entr'autres une grande variété de
plantes de pleine terre et de serre. Les collections de
ce bel établissement sont nombreuses et entretenues
avec ordre et propreté; il y a une grande étendue de terrain couverte de serres qui présentent toutes leur utilité. Cet établissement est surtout remarquable par la belle collection de bruyères, la plus
étendue que j'aie vue; ce cultivateur distingué réussit
parfaitement pour la propagation de ces plantes, toujours difficiles à multiplier et à conserver en bel état.
Les cultures de MM. Mackay, à Blapson, et M. Milne,
à Julham, ne sont pas moins remarquables; et, en
général, dans tous les jardins que je visitais, je trouvais toujours de nouvelles choses qui m'intéressaient.

Les différentes opérations qui tendent à la multiplication sont suivies, comme toute autre partie, avec
méthode et avec le même esprit de perfectionnement
que celui que j'ai dû signaler jusqu'ici : l'état des cultures le prouve. Les semis sont opérés en grand, on
a soin de n'apporter aucune négligence à cette voie
si heureuse de propagation, qui fournit des résultats encourageans par l'accroissement de leur ri-

chesse végétale et par les nombreuses variétés qu'ils
obtiennent. Les semis occupent toujours, dans les
cultures, une place favorable au développement des
germes et au premier accroissement des individus nais-
sans. La multiplication par bouture reçoit aussi une
grande extension; ce moyen, si avantageux et d'une
si grande ressource pour le cultivateur, mérite bien
d'être observé en Angleterre; dans tous les établissemens considérables, on trouve toujours un grand
nombre de nouveaux êtres végétans qui, par des soins
assidus et minutieux, se prêtent à la volonté de ceux
qui les protègent. Toutes les ressources que suggère
la pratique sont mises en exécution pour la réussite
des espèces les plus rebelles. Les bruyères, si difficiles
à multiplier, leur résistent rarement; les jardiniers
anglais emploient du sable blanc, fin, presque pu-
rement siliceux, dans lequel ils plongent les jeunes
rameaux, qui s'enracinent très bien, et auxquels ils
donnent ensuite de la terre de bruyère pure (celle
qui paraît être la plus ferrugineuse); ces plantes y par-
courent toute leur période d'accroissement dans un
état ravissant de beauté et de santé. Le marcottage
n'est pas suivi avec moins de succès; ils tirent tout
le parti possible des mères, en donnant aux plantes qui ont été soumises à cette opération le coup d'œil
le plus agréable. La greffe, cette voie de propagation
qui tend à la perpétuité des espèces, et dont l'imagination, guidée par l'expérience, en accroît toutes les
ressources, ne reste pas sans de nombreux apprécia-
teurs et opérateurs : ajoutée aux autres opérations

horticulturales, elle décèle le talent des cultivateurs anglais, auxquels je dois, avec les personnes qui ont visité leurs laboratoires horticoles avant moi, rendre un juste hommage.

Plusieurs cultivateurs français ne réussissent pas moins bien que ceux de l'Angleterre dans ces différens moyens de propagation ; il en est même plusieurs assez connus qui excellent dans cette partie de l'horticulture comme dans beaucoup d'autres. C'est une justice qu'il m'est bien satisfaisant de pouvoir rendre à mes compatriotes, en faveur de notre horticulture française.

Je ne m'étendrai pas davantage sur cette partie de l'horticulture ; comme il me resterait fort peu à ajouter de ce que j'ai vu, je me bornerai à faire maintenant la citation des végétaux de serre, que j'ai trouvé fleuris, qui ont le plus particulièrement fixé mon attention. Je demande un peu d'indulgence à mes lecteurs pour le nom de quelques espèces qu'il m'a été impossible de trouver dans aucun ouvrage que je connaisse, et sur lesquels je puis bien avoir erré, à cause de la difficulté que j'ai eue à comprendre lorsqu'on me les a fait connaître.

J'observerai ici que j'indique l'établissement où j'ai vu la plante la première fois ; souvent j'ai rencontré cette même plante dans plusieurs établissemens sans en tenir compte, parce que j'avais tant à noter, que je désirais le plus possible tirer parti de mon temps, en m'occupant de nouvelles choses.

NOMENCLATURE.

ABIES *columbaria*, cité pour la force, jardin Loddiges. Ce bel arbre vert atteint le sommet de la serre aux palmiers; il est bien garni de branches de la base à la cime; le tronc a 1 pied de circonférence au collet.

ASTRAPÆA *Wallichii*, j. Lod., Kew, etc. A Kew, on remarque un individu de cette espèce qui a 15 pieds de hauteur : c'est le premier qui a été introduit dans les cultures anglaises. Celui de MM. Loddiges a 10 pieds de hauteur; le tronc est gros. J'ai vu cette plante couverte de fleurs.

ARUM *grandifolium*, j. Kew; plante qui se distingue par des filets de plusieurs toises de longueur, semblables à de la grosse et longue ficelle.

ARUM *œnugile?* j. Lod.; remarquable par les taches blanches qui se trouvent sur les feuilles.

ALSTRŒMERIA *bicolor*, fort jolie espèce; fleurs blanches veinées de jaune.

ALSTRŒMERIA *sinensis*, plante haute; fleurs pourpres nombreuses.

ALSTRŒMERIA *tricolor*, fort belle espèce; quatre pétales blancs extérieurement, marqués d'une tache pourpre au sommet.

ALSTRŒMERIA *salsilla*, j. Colvill.

ALSTRŒMERIA *pulchella*, plante haute; fleurs nombreuses, paniculées au sommet des tiges; pétales jaune orange, veinés de jaune plus foncé.

Azalea *sinensis*, j. Lod.; espèce qui a quelques rapports avec l'*Azalea pontica*; mais les fleurs de cette dernière espèce sont beaucoup plus petites.

Andromeda *buxifolia*, fort belle espèce originaire de Madagascar.

Arbutus *procerus*, j. Malcolm.

Arbutus *laurifolius*, j. Colv.; originaire du Mexique.

Anthocercis *viscosa*, j. Kew; feuilles spatulées; fleurs blanches, grandes, à 5 divisions; port irrégulier.

Ardisia *hymenandria*, j. Kew.

Araucaria *Cuninghami*, j. Kew; arbre résineux, remarquable par ses belles feuilles palmées.

Amaryllis *equestris*. j. Colv.; très belle espèce à grandes fleurs; hampe glauque.

Isopogon *formosus*? fleurs ressemblant beaucoup à celles des protea.

Blumenbachia *insignis*, j. de la Société d'Horticulture; fleurs blanches d'une forme remarquable, pétales voûtés, une partie des étamines s'y trouve enfoncée, l'autre partie est réunie autour du style; feuilles multifides.

Berberis *vesiculosa*, j. Lod.

Berberis *fasciculata*, j. Malcolm.

Berberis *Aquifolium*, id.

Billbergia *zebrina*? j. Kew; plante remarquable par sa force; végétant dans un tronc d'arbre; feuilles longues, un peu canaliculées, zébrées; pédoncule vert; fleurs jaunes, en grappes pendantes; pétales roulés, calice velu ; la fleur de cette plante est d'une forme singulière.

BRACHYSEMA *undulatum*, j. Colv.

BANKSIA *microphylla*, j. Kew ; couvert de fleurs qui sont placées au sommet des rameaux.

BANKSIA *compar*, j. Kew ; feuilles peu dentées, longues et étroites ; fleurs en forme de pompon au sommet des rameaux.

BANKSIA *speciosa*, j. Kew ; fleur très grosse au sommet de la tige ; c'est pour la seconde fois que cette espèce fleurit en Angleterre.

BANKSIA *quercifolia*, BANKSIA *grandis*, BANKSIA *floribunda*, BANKSIA *repens*, BANKSIA *verticillata*, et BANKSIA *nervata*. Il existe encore plusieurs autres espèces de *banksia* dans les jardins de Kew ; je ne cite ici que ceux que j'ai vus en fleur, qui m'ont paru les plus remarquables.

BLANDFORDIA *nobilis*, liliacée à fleurs d'un jaune soufré, j. Kew.

BAMBUSA *arundinacea*. Je cite le bambou, parce qu'il y a dans la serre aux palmiers chez MM. Loddiges, un individu de cette espèce qui est d'une grandeur remarquable, il atteint le sommet de la serre ; son tronc, au-dessus du collet, a neuf pouces de circonférence.

BEGONIA *semperflorens*, j. Lod. ; fort belle espèce, feuilles larges, arrondies ; fleurs blanches, les plus grandes des espèces de ce genre.

BORONIA *pinnata*, BORONIA *serrulata* ; ces deux

espèces sont charmantes ; elles ornent agréablement les serres.

BILLARDIERA *mutabilis*, j. Lod. ; on voit cette espèce dans une des serres de MM. Loddiges ; elle est palissée contre un mur.

BOSSIÆA *microphylla*.

BONAPARTIA *juncea*, flor. per. , ACANTHOSPORA *juncea*, Spr. *sys. veg.* Il existe un individu de cette espèce chez MM. Loddiges, qui est d'une grosseur surprenante.

CACTUS *chilensis*, j. Lod. ; tige cylindrique, cannelée, épineuse ; les épines comme couvertes d'une poussière grise.

CALYTRIX *glabra*, j. Lod.

CYTISUS *foliosus*, *id.*

CHIRONIA, plusieurs espèces nouvelles, *id.*

CAMELLIA, un grand nombre de variétés.

CALICOMA *serrata*. Cette jolie espèce était couverte de fleurs sphériques, d'un beau blanc.

CHEIRANTHODENDRUM *platanifolium*, il n'a pas encore fleuri en Angleterre ; MM. Loddiges en ont un dans leur établissement qui est en pleine terre dans une bâche de la serre, et qui a depuis long-temps neuf pieds de hauteur. La serre ne permet pas qu'il prenne plus d'accroissement.

CLITORIA *ternatea*, j. Kew ; plante grimpante, fleur d'un beau bleu.

CLITORIA *lanceolata*, j. Kew ; fleurs jaunes réunies au sommet des rameaux ; plante gigantesque.

CALOTHAMNUS *villosa*, plante très forte ; fleur extrêmement pourpre.

CARMICHAELIA *australis.* Chez MM. Loddiges, on
trouve en pleine terre, dans une serre, un fort pied
de cette singulière légumineuse : les tiges et les rameaux sont aplatis, aphylles ; fleurs d'un rouge pâle,
petites et nombreuses.

CALCEOLARIA *corymbosa*, fort belle plante, velue
dans toutes ses parties ; fleurs en corymbes, nom-
bréuses, d'un beau jaune.

CALCEOLARIA *integrifolia*, espèce plus élevée que
la précédente, se couvrant d'une quantité de fleurs
d'un beau jaune.

CALCEOLARIA *plantaginea*, feuilles radicales, éta-
lées.

CALCEOLARIA *arachnoidea*, feuilles laineuses ;
fleurs pourpres.

CALCEOLARIA *scabiosæfolia*, feuilles radicales.

CALCEOLARIA *Fothergillii*, feuilles radicales. On
cultive en Angleterre plusieurs espèces de ce genre,
qui sont toutes d'un très bel ornement.

CRINUM *amabile.* J'ai vu de très beaux individus de
cette espèce dans les serres de M. Colvill.

CLERODENDRUM *squamatum*, j. de la Soc. Hort.;
fleurs en panicules au sommet de la plante, d'un rouge
vif ; feuilles larges, longuement pétiolées.

CLERODENDRUM *hastatum*, j. de la Soc. Hort.

CLEOME *rosea*, j. de la Soc. Hort.; plante élevée,
très élégante, tri ou pentaphylles ; fleurs roses, rapprochées au sommet des branches.

COMBRETUM *purpureum*, plante grimpante qui
garnit très bien les serres ; fleurs en grappes lâches,

d'un rouge très vif; feuilles pétiolées, ovales, lisses.

CHORYSEMA *nana*, j. Colv.

DRYANDRA *floribunda* ; DRYANDRA *formosa*, DRYANDRA *nervosa*, DRYANDRA *longifolia*, DRYANDRA *falcata*, fleurs au sommet des rameaux. DRYANDRA *plumosa*, DRYANDRA *nivea*; DRYANDRA *cruenta*, fleurs au sommet des rameaux. Ce genre est nombreux en espèces, j'ai remarqué ceux que je cite, avec plusieurs autres, dans les jardins de Kew.

DRACOCEPHALUM *secundum*, fleurs blanches en grappes au sommet des rameaux.

DIGITALIS *Sceptrum*, j. Colv.

DIONÆA *muscipula*, j. de la Soc. Hort.; cette plante, que l'on rencontrait autrefois dans les cultures françaises, y est devenue rare ; sa culture est très difficile.

DICLIPTERA *spinosa*, j. Lodd.; feuilles lancéolées, d'un vert sombre, nervure médiane rouge; fleurs agglomérées au sommet des rameaux; le calice de chaque fleur est peu distinct.

DAVIESIA *juniperina*, j. Lodd.; cette plante est très forte : elle est en pleine terre dans une des serres de MM. Loddiges.

ERYTHRINA *Crista galli*. J'ai vu un superbe individu de cette espèce en fleur dans le jardin de la Société d'Horticulture.

EUSTREPHUS *angustifolia*, EUSTREPHUS *lotifolia*. Ces deux espèces sont en pleine terre dans une des serres de MM. Loddiges; elles garnissent un mur.

EUPHORBIA *splendens*, jolie espèce couverte d'épines, glauque dans toutes ses parties ; feuilles spatulées ; fleurs rouges, éclatantes.

EUPHORBIA *divaricata*, plante remarquable par la quantité de rameaux divariqués, aphylles ; on en rencontre des individus très forts.

ERICA, un grand nombre d'espèces.

EUGENIA *malaccensis*, j. Kew ; grandes feuilles larges, marquées d'une nervure circulaire.

EPACHRIS *obtusifolia.*

EPACHRIS *heteronema?*

ECCREMOCARPUS *scaber?* plante volubile ; feuilles semblables à celles des clématites ; fleurs en grappes dressées, corolles tubulées, ventrues au sommet de la tubulure, jaune couleur d'or, pédoncules et pédicelles rougeâtres.

FRANCHISIA *apeana*, j. Colv. ; feuilles ovales, ondulées ; pétioles courts ; fleurs blanches, colorées de violet.

GREVILLÆA *rosmarinifolia*, j. Kew ; fleurs jaunes et rouge sale, pétales en crosse, style alongé de six lignes hors la fleur ; feuilles étroites, lancéolées.

GREVILLEA *sulphurea*, fleurs jaune vert, style long.

GNIDIA *imbricata*, j. Lodd.

HAKEA *microcarpa*, j. Lodd.

IXORA *crocata*, j. de la Soc. Hort. ; fleurs rougeâtres, globuleuses au sommet de la tige.

KNOWLTONIA *rigida.* Feuilles trifoliées, coriaces ; fleurs d'un jaune vert, paniculées au sommet d'une petite tige.

Kennedia *ovata*, j. Lodd.

Lachnea *eriocephala*.

Lachnea *purpurea*.

Leverkia *grandiflora?* Cette plante est couverte d'épines brunes en faisceaux ; elle est palissée dans une des serres du jardin de Kew.

Merendera *Bachleana*. Plante volubile, feuilles sagittées ; fleurs grandes, d'un violet foncé. Cette jolie espèce fait l'ornement des serres par son abondante floraison.

Melastoma *heteromalla*, j. de la Soc. Hort.; plante haute ; feuilles ovales, arrondies, presque embrassantes, velues, nervures bien marquées ; fleurs roses, grandes, peu nombreuses, en panicules au sommet des rameaux.

Maranta *bicolor*, j. Lodd.; fort jolie espèce, les feuilles marquées de deux couleurs bien distinctes, la circonférence d'un vert ordinaire, le centre d'un vert pâle, entouré de plusieurs taches d'un vert foncé. Les individus que j'ai vus étaient très petits.

Moræa *cœrulea*, j. Colvil.; plante admirable, surtout, par la belle couleur de ses fleurs.

Nepenthes *distillatoria*, très jolie plante et singulière par son feuillage. Elle est d'une culture très difficile. J'en ai vu un très fort individu chez MM. Loddiges, et voici comme on le cultive : il est dans un grand pot couvert de mousse que l'on entretient toujours humide, placé dans une serre dont la température est élevée. En 1828, MM. Loddiges en avaient un autre qui a fleuri et qui est mort quelque temps après. Cette jolie plante est figurée dans le Botan. Cab, publié par ces botanistes cultivateurs. Cette plante, une des plus curieuses du règne végétal par sa forme, ne l'est pas moins par le suintement des fluides qui se fait constamment. Cette distillation naturelle, réunie à plusieurs autres faits de ce genre a servi, pour quelques auteurs, à confirmer la théorie de la transpiration des végétaux. Les feuilles du Népenthes sont sessiles, elles forment trois parties distinctes ; la partie inférieure s'atténue ; la réunion des nervures partielles, au sommet, avec la nervure médiane constitue un prolongement vasculaire en forme de vrille qui se contourne et soutient l'extrémité supérieure de la feuille, laquelle ressemble à un vase surmonté d'un opercule qui paraît s'ouvrir et se fermer à charnière. Ce godet, d'une certaine capacité, contient toujours de l'eau limpide. Le Népenthes est originaire de Ceylan et ne peut se multiplier que de graine.

Narthecium *sarmentosum*, j. Kew ; tiges pendantes filiformes, développant à leur sommet, une plante, avec des racines, semblable à la mère.

Prostranthera *balisea*, fleurs bleues nombreuses.

Prostranthera *lasiantha*, j. Kew ; fleurs blanches personnées en corymbe.

Podaliria *buxifolia*, individu très fort, placé en pleine terre dans une des serres de MM. Lodiges.

Pimelia *linifolia*.

Pimelia *decussata*, fleurs roses nombreuses au

sommet des rameaux. Très belle espèce pour l'ornement des serres.

Pultenæa *villosa*.

Pandanus *odoratissimus*, Pandanus *viridis!* Ces
deux espèces, que l'on admire dans les jardins de
MM. Loddiges, sont remarquables par leur force; elles
rivalisent avec ceux du jardin du roi.

Protea *cordifolia*, feuilles épaisses, cordées, sessiles, presque embrassantes, glauques.

Pontederia *crassipes*, j. de la Soc. Hort; plante
aquatique remarquable par ses pétioles vesiculeux;
feuilles cordiformes, grandes. Il n'y a que les feuilles
des tiges flottantes qui sont vésiculées; elles cessent de
l'être dès que les tiges touchent la vase ou la terre du
fond, et s'enracinent.

Quisqualis *indica*, plante grimpante, fleurs en
panicule, tubulées, aurore extérieurement, plus foncées intérieurement.

Quisqualis *pubescens*, j. Lodd.

Rhexia *hastata*, feuilles colorées de rouge inférieurement, ovales pointues, marquées de trois nervures; fleurs roses peu nombreuses au sommet des
tiges.

Ravenala *madagascariensis*, j. Lodd.; individu
d'une force remarquable.

Rhododendrum *campanulatum*, j. Lodd.; très
belle espèce, à en juger par son feuillage (je n'ai pas
vu sa fleur). Feuilles ovales, elliptiques, d'un vert foncé
supérieurement, pulvérulentes inférieurement. Du
Népaule.

SPRENGELIA *incarnata*, j. Lodd.

SALVIA *involucrata*, j. Colv.

SCHOTIA *dentata*, feuilles triangulaires sessiles.

SOWERBÆA *juncea*, j. Colv.

SUMMENGIA *guttata*, j. de la Soc. Hort.; fleurs personnées d'un bleu pâle, tiquetées de pourpre.

SUMMENGIA *villosa*, j. de la Soc. Hort.; feuilles pétiolées, fleurs personnées d'un jaune pâle.

SUMMENGIA *velutina*, j. de la Soc. Hort.; feuilles couvertes d'un duvet court et soyeux, fleurs blanches.

STROPHANTHUS *dichotomus*, j. de la Soc. Hort.

STREPTOCARPUS *rexii*, feuilles radicales, ovales, velues, atténuées en pétioles; fleurs bleues infondibuliformes, portées sur un pédoncule rougeâtre velu.

SOLANUM *decorum*, j. de la Soc. Hort.; très belle espèce envoyée de la Prusse; fleurs blanches, grandes.

SOLANUM *dœfolium*, j. de la Soc. Hort.; feuilles entières ovales, fleurs bleues.

SINNINGIA *Helleri*, j. de la Soc. Hort.; fleur jaune vert.

SENECIO *solescens?* j. Kew; fort jolie espèce, tige élevée, feuilles pétiolées, courtes, dentées, épineuses, fleurs grandes, lilas pâle.

SALPIGLOSSIS *atropurpurea*, j. Kew; très belle plante; fleur couleur cramoisie.

STYLIDIUM *adnatum*, j. Kew; petite plante élégante, remarquable par la quantité de ses fleurs roses.

TANAÈCIUM *pinnatum*, j. Kew; tige simple ; feuilles verticillées par trois, ailées, coriaces. Plante nouvelle de Madagascar.

VERONICA *perfoliata*, feuilles perfoliées, glauques. Fleur bleue en épis au sommet des rameaux.

TANTHOCHEMUM *pichema?* j. Kew; feuilles ovales, alongées, remarquables par l'insertion du pétiole.

Beaucoup de plantes citées dans ce chapitre sont cultivées dans les brillantes collections de MM. Boursault, Cels, Godefroy, Lémon, Noisette, Soulange, etc. Ces habiles amateurs contribuent par leur exemple et leurs leçons aux progrès de notre horticulture. Leurs voyages fréquens en Angleterre, et les relations étendues, qu'ils entretiennent, leur permettent de réunir dans leurs établissemens, toutes les beautés végétales des deux hémisphères. Je ne pouvais pas dans cette relation passer sous silence des noms si célèbres dans notre horticulture dont ils font la gloire et dont ils soutiennent les progrès par tous les sacrifices de fortune, de travaux et de veilles. Qu'il me soit permis de déposer ici le tribut de reconnaissance que leur doit la jeunesse studieuse qui veut parcourir la carrière qu'ils ont illustrée. Avide de profiter de leur longue expérience elle recueille près d'eux les plus précieux élémens d'une instruction solide, avantage inappréciable et qui sera en grande partie leur ouvrage.

Je terminerai ce chapitre en parlant des marchés

aux fleurs qui trouvent ici leur place. Il m'a paru sin-
gulier qu'un pays comme l'Angleterre, où l'on cultive
tant de plantes et où elles sont si recherchées de
toutes les classes de la société, n'ait pas un lieu spécialement destiné à réunir les divers végétaux que l'on
cultive pour les offrir en vente. Dans ce pays, ce
marché est confondu avec celui aux légumes : on y
trouve des fleurs en pots et des fleurs coupées d'espèces qui sont le plus répandues dans les cultures ; rien de rare ne s'y fait remarquer ; aussi
jugerait-on fort mal des richesses florales de ce
pays, si on s'en tenait à ce qu'on voit dans ces
marchés. Il n'en est pas de même en France où
Paris peut offrir un beau modèle en ce genre (1) ;
à son exemple, plusieurs villes de province étalent
à des jours fixés tout ce que les jardins fleuristes
fournissent de plus beau et de nouveau. C'est une
heure de récréation pour les habitans de ces villes, d'aller reconnaître le talent persévérant du
jardinier qui à chaque marché apporte un nouveau
fruit de son labeur. On aime à se promener au
milieu de cette innombrable quantité de végétaux
fleuris qui charment l'homme le plus indifférent.
Chaque année on remarque des progrès qui prouvent assez que nous n'allons pas d'un pas rétro-
grade.

______

(1) Le marché aux fleurs, par toutes les beautés végétales que l'on y trouve maintenant, fait honneur aux cultivateurs qui y exposent, et prouve assez les progrès de

notre horticulture. Espérons que des hommes amis de leur pays, chercheront un jour, à le rendre plus brillant, en faisant subir à l'emplacement quelques modification nécessaires à la conservation des plantes. Notre marché aux fleurs, déjà cité chez les étrangers, n'est pas ce qu'il pourrait être, si une disposition plus convenable permettait d'y étaler tout le luxe de nos cultures.

CHAPITRE XI.

JARDINS POTAGERS OU D'ÉCONOMIE DOMESTIQUE.

En traitant cette partie essentielle de l'horticulture, je puis sans crainte de contradiction offrir notre belle France pour modèle, en engageant nos voisins d'outre-mer à venir visiter nos marais de Paris, de ses environs et de beaucoup de nos villes de province. Si jusqu'à présent je me suis cru obligé d'accorder la priorité à la culture anglaise dans plusieurs de ses parties, j'ai la satisfaction pour celle-ci de leur faire connaître la nôtre, et assurément sans amour-propre; car nous avons encore recours à eux pour quelques productions.

Quelle différence des maraîchers français avec les légumiers anglais. Les uns suent sang et eau pour tirer le meilleur parti possible d'un terrain qu'ils n'ont qu'à très haute location ou qu'ils ont en propriété en payant de forts impôts, et pour produire sans ralentissement des végétaux si recherchés des riches et si utiles comme ressource précieuse pour la classe indigente. La pointe du jour les trouve au travail au milieu des cultures, et la nuit fermée les ramène courbés de fatigue et affaissés des travaux du jour; aussi leurs cultures combinées, et dirigées avec cet esprit d'intérêt que donne le désir de propriété, offrent - elles une succession de produits qui n'a pour ainsi dire aucune interruption. Les autres entretiennent un terrain qui coûte cher sans doute; mais dont ils se contentent de tirer un produit habituel sans efforts d'augmentation. Les potagers des particuliers présentent la même différence; et les produits qu'ils donnent m'ont paru supérieurs à ceux des mêmes cultures en Angleterre. Il est vrai que l'on a fait en général jusqu'à présent une moins grande consommation de légumes en Angleterre qu'en France; c'est ce qui fait que la culture des potagers n'y est pas aussi rigoureusement suivie. La France est peut-être la nation qui exploite avec le plus d'avantage cette branche de l'horticulture, devenue si importante par les ressources qu'elle procure; cependant malgré notre supériorité en ce genre, j'ai cru remarquer que nous pourrions encore, puiser quelques leçons qui nous seraient bien profitables, comme objet de distribution, et peut-être même de combinaison. On observera aussi que si ces sortes de jardins sont moins abondamment fournis que les nôtres, ils ne font pas exception à ce que j'ai primitivement dit, que les cultures anglaises sont marquées du cachet du bon ordre et de la propreté. On rencontre aussi en Angleterre quelques légumes plus parfaits que les nôtres, la preuve en est que nous en tirons des graines et des plants dont nous apprécions la qualité; de même qu'ils tirent

de France des variétés que nous avons perfectionnées,
et qu'ils ne possèdent pas ; bien moins que nous , il
est vrai , mais assez pour le faire remarquer. Pour me
convaincre et pour affermir mon jugement , après
avoir visité différens jardins légumiers , en avoir examiné les produits actuels , avoir suivi ceux qui se
préparaient en succession par les semis et les plants,
je suis allé visiter les marchés de Londres deux fois et
à différentes heures. La première fois , au petit jour,
pour me trouver à l'arrivée et au déballement des
marchandises ; la seconde, plus tard , pour me trouver
au moment où toutes les marchandises étaient préparées en état d'offre. Ces marchés m'ont paru
abondamment fournis , mais cependant moins en
comparaison des populations de Londres et de Paris,
que les marchés de cette dernière ville. Ces produits
sont nombreux et peu variés ; ils le sont moins que
nos marchés à pareille époque.

Parmi les productions que j'ai été à portée de voir,
je n'ai remarqué de nouveau que des pétioles de rhu-
barbe (RHEUM *rapunticum* et *undulatum*) avec une
petite partie de feuille conservée. Ces pétioles liés en
bottes sont d'une longueur et d'une forme telle qu'on
les prend de prime abord pour du céleri. Les Anglais
font grand usage de ce végétal, qu'ils font cuire au jus
ou qu'ils mettent dans des tourtes avec du sucre (ces
tourtes sont nommées *rhubarb tart*, *pudding tart*);
j'en ai mangé plusieurs fois avec le plaisir de la
nouveauté. Les variétés de pomme de terre y sont
nombreuses, et plusieurs sont excellentes. La variété

que j'ai rencontrée le plus abondamment, et dont
on fait usage en attendant les nouvelles, est grosse,
jaune, ronde, marquée de rouge pâle; elle ne paraît pousser que très tard. La variété qui ouvre la
saison est mûre en mai; elle est moyenne, ronde, jaune;
les marchés en sont abondamment fournis. Les Anglais font un grand usage de pommes de terre au naturel. J'ai vu aussi sur les marchés des radis blancs très
gros, des choux-fleurs de grosseur moyenne, de très
beaux brocolis, des asperges très grosses : j'en ai mesuré qui avaient trois pouces de circonférence, des na-
vets longs, des romaines très petites et des petits choux
d'York en très grande quantité : cette variété est petite et a une pomme alongée très dure.

Les marchés sont toujours approvisionnés d'herbes
aromatiques; les Anglais font un grand usage culi-
naire de ces sortes de végétaux, tels que menthe poi-
vrée, menthe des jardins, baume, sauge, fenouil, etc.

Je m'attendais à trouver cette racine que les jour-
naux français avaient tant vantée, l'arracacha (ARRA-
CACHA *esculenta* de Dec.) (1). J'étais chargé d'en
rapporter pour les jardins du roi, et mon honorable
collègue de la Société d'Agriculture de Seine-et-Oise,
M. l'abbé *Caron*, m'avait aussi chargé d'en rapporter à
quelque prix que ce fût, en me confiant tous les soins de
culture, afin que, si nous étions assez heureux pour

(1) J'ai donné une notice sur cette racine comestible à la
Société d'Agriculture de Seine-et-Oise, à mon retour d'Angleterre. (Voir un extrait dans le compte rendu des travaux
de cette Société pour l'année 1829.)

la voir prospérer, nous pussions en faire hommage à la Société d'Agriculture de notre département. Mes recherches ont été vaines, je ne l'ai trouvée ni dans les cultures, ni sur les marchés, ni même chez les marchands de comestibles où je suis allé exprès pour la chercher. J'ai appris de plusieurs cultivateurs recommandables qu'ils en avaient infructueusement tenté la culture à toute température et à toute exposition (1); je pense que cette espèce réussira mieux en France, en l'introduisant dans nos départemens méridionaux. Cependant je crains qu'elle ne puisse pas devenir une ressource de plus pour la classe indigente.

J'ai trouvé chez plusieurs marchands de comestibles des racines d'igname (DIOSCOREA *sativa*) très grosses qu'ils reçoivent d'Amérique. Cette plante n'est pas répandue dans les cultures anglaises. J'en ai apporté une que l'on cultive dans le potager du roi à Versailles; elle est dans un bel état de végétation. Dumont de Courcet, dans le Botaniste cultivateur, dit : « Dans les Indes, la racine de *dioscorea ala-*

____

(1) MM. Loddiges ont cultivé l'arracacha plusieurs années de suite dans leur établissement, sans aucun succès, quoiqu'ils aient mis en pratique toutes les ressources de l'art. Ils l'ont placée à toute exposition et soumise à diverses températures, sans avoir la moindre satisfaction dans ces différens états de situation.

M. Lindley, secrétaire de la Société d'Horticulture et directeur du jardin de cette Société, m'a dit avoir reçu de la Colombie des racines de cette plante qu'il a fait cultiver avec toute sorte de soins dans le jardin de la Société, sans avoir pu obtenir un résultat satisfaisant.

« *ta*, et vraisemblablement celle du *dioscorea sa-*
« *tiva*, fournissent un bon aliment et d'un goût
« assez agréable. On les mange en guise de pain rôties
« ou cuites à l'eau. » Peut-être que si on tentait la
culture de cette plante dans le midi de la France, on
en obtiendrait quelque succès.

Indépendamment des potagers marchands, j'ai aussi
visité ceux des jardins de Kew, de M. le duc de Northumberland et des jardins de la Société d'Horticulture.
Les deux premiers sont remarquables pour les primeurs dont je parlerai au chapitre consacré à cette
partie, et je signalerai ici celui de M. le duc de
Northumberland. Les carrés sont entourés de haies
de buis qui ont trois pieds de hauteur. Un de ces carrés est destiné à la culture des plantes aromatiques
que l'on trouve de même dans tous les potagers anglais. Derrière une serre à primeurs, dans un bâtiment
adossé au mur de cette serre, se trouve une champignonerie dont le genre m'a paru ingénieux pour le
parti avantageux que l'on tire de l'emplacement. J'en
donne la figure pl. XIV, fig. 1re.

Ce sont des tablettes de quatre pieds de profondeur,
ayant la longueur du bâtiment. Elles ont un rebord en
fer fondu qui a dix pouces de hauteur. Le fond de ces
tablettes est composé de larges tuiles soutenues par des
tringles plates en fer. Sur le devant de ces tablettes, et
justement au milieu du bâtiment, est placée verticalement une barre de fer qui leur sert d'appui; dans l'élévation du bâtiment se trouvent trois tablettes, une
dans le bas, c'est-à-dire à terre, et les deux autres

espacées régulièrement. Ces meules ont la même forme, et sont de même composition que nos meules ordinaires, excepté qu'elles reposent sur des tablettes. Le jardinier en chef de cet établissement m'a assuré que cette méthode, qui procure une grande économie de terrain, était de très heureuse réussite, et qu'elle lui procurait des champignons en abondance. Sur le devant du bâtiment se trouve une table destinée à préparer les substances qui doivent entrer dans la composition de la meule.

Les aspergeries de cet établissement sont semblables à celles que j'ai vues à Kew et dans plusieurs autres jardins de l'Angleterre, les planches sont bombées et les sentiers creusés. Ce moyen paraît réussir, puisque l'on remarque partout de beaux produits.

Une observation digne d'intérêt, que je n'omettrai pas de noter, et qui est particulière à ce jardin, c'est qu'il y a un système de desséchement d'allées, qui est très ingénieux. Sous les allées, on a pratiqué des conduits dans lesquels coulent les eaux pluviales, qui sont reçues dans un réservoir commun, qui contient l'eau destinée au chauffage à la vapeur des serres. Pour faciliter l'entrée des eaux dans les conduits, à diverses distances, dans les allées, il se trouve des ouvertures qui sont couvertes de petites grilles de fer. Par ce moyen, les allées sont toujours sèches et, quelque temps qu'il fasse, en état de recevoir le promeneur; et les eaux sont utilement employées pour le service des serres.

Je n'ajouterai rien de plus à cette partie, et je la

terminerai en disant que depuis que nos fréquenta-
tions mutuelles sont établies avec l'Angleterre, nos
voisins ont reconnu l'avantage de faire un usage plus
général de légumes ; et à notre imitation, la cuisine
anglaise commence à en employer plus souvent et en
plus grande quantité qu'elle ne le faisait autrefois.

CHAPITRE XII.

JARDINS FRUITIERS.

Nous ne devons pas espérer de prendre des leçons
en Angleterre sur la culture des arbres fruitiers ; les
Anglais ne nous approchent pas encore pour la taille
des arbres, et ils sont loin d'avoir d'aussi beaux fruits
qu'en France. Les intempéries nuiraient-elles à la formation des arbres, surtout à celle du pêcher, et fe-
raient-elles que l'on ne peut pas compter sur les branches que l'on réserve ? La température influerait-elle
sur la qualité des fruits en ne permettant pas aux sucs
de s'élaborer pour former une pulpe succulente et par-
fumée ? Cela me paraît évident, mais je crois qu'il y a
défaut d'attention, sur le cours de la sève, chez les jardiniers chargés de conduire ces arbres ; c'est sur quoi
je reviendrai.

En général, dans tous les jardins que j'ai visités, je
n'ai pas vu un seul pêcher, abricotier, prunier et ceri-
sier en espalier, qui soit digne de remarque ; en cela
j'étais un peu difficile d'après ce qui existe en France.
Les pêchers sont en partie dégarnis, et ils sont sans
formes ; les branches sont irrégulièrement placées,

sans ordre et sans ménagement pour la fructification
et pour éviter l'altération que peut causer à l'arbre une
fructification qui n'est pas dirigée selon les principes.
On voit, par la taille, que la sève n'est pas équilibrée,
qu'elle ne se répand pas également, qu'elle n'est pas
ménagée dans quelques parties pour procurer des ressources pour l'année suivante, et enfin je n'ai reconnu
aucun principe de taille comparable à ceux que nous
suivons d'après les règles de la physiologie végétale. Le
palissage, opération essentielle pour la formation de
l'arbre, n'est pas, comme on doit le penser d'après ce
que je viens de dire, mieux entendu que la taille ; ces
deux opérations tendant réciproquement au même but,
qui est la formation de l'arbre et sa fructification avec
ménagement pour la conservation de l'individu, l'une
ne peut être mal exécutée sans que l'autre ne s'en res-
sente ; le désordre doit en être l'inévitable résultat. En
faisant connaître aux horticulteurs anglais la différence qui existe entre nos arbres en espaliers et les
leurs, et en développant le raisonnement que m'avait
suggéré la pratique, je leur en demandai la cause ; on
m'en allégua d'assez puissantes que je ne dois pas négli-
ger de noter ici. On m'assura que les givres printaniers
détruisaient ou paralysaient une partie des branches
conservées, que le pêcher surtout étant long-temps en
végétation, ne mûrissait pas parfaitement son bois, et
que les rameaux trop tendres se trouvaient promptement détruits par les gelées et les givres. J'admets ce
raisonnement, et je suis d'autant plus assuré qu'il est
fondé, que les pêchers cultivés en serre pour les pri-

meurs sont, si non mieux dirigés, du moins mieux garnis de rameaux sur toutes les branches. C'est par ces arbres aussi que j'ai pu juger que l'on peut mieux faire.

Après avoir parlé des arbres formés, je dóis dire quelque chose de ceux qu'ils élèvent présentement, et qui, dans quelques années, offriront une grande différence. On voit de nouvelles plantations de différens âges, que j'ai suivies avec plaisir parce qu'elles m'ont paru fondées sur la théorie. Les jeunes arbres qui les composent prouvent déja qu'il est possible de mieux faire, et que les horticulteurs s'occupent à réparer le temps perdu; la taille en est commencée avec principes et dirigée selon les formes que prescrivent le goût et les lois physiologiques; cependant les branches ne sont pas encore sans vides, mais ces vides pourraient bien provenir des accidens de la nature. Le jardin de la Société d'Horticulture est dans ce cas, les vieux arbres sont maltraités, et les jeunes annoncent une grande amélioration. Je m'abstiendrai de citer d'autres lieux.

Une observation que j'ai faite, et non sans une vive satisfaction, c'est que maintenant les jardiniers anglais suivent la méthode de la taille française, et ils la suivent tellement qu'ils en puisent les principes dans les ouvrages français. J'ai eu occasion de voir l'excellent opuscule de Butret sur le pêcher, entre les mains des horticulteurs.

On rencontre beaucoup de pêchers en Angleterre, mais moins d'abricotiers; on en voit quelquefois en plein vent. Le prunier que l'on élève en buisson et qui, de cette manière, produit dans quelques espèces des fruits plus beaux qu'en les laissant à leur accroissement naturel, ne s'y rencontre pas. On en voit dans les potagers placés et rapprochés les uns des autres, en ligne, dans les carrés, comme nous avons commencé à faire en France à leur imitation. Ces arbres que l'on élève en plein vent sont entretenus à une taille simple, qui n'a d'autre objet que de refouler la sève, afin de ne pas laisser l'arbre prendre son accroissement naturel : de cette manière nous obtenons des résultats plus satisfaisans que les leurs. Nos fruits sont beaux et savoureux, et les leurs sont médiocres : sans doute la température y contribue (1). Le poirier s'y fait remarquer en plein vent comme en espalier, surtout de cette dernière manière par la taille dite anglaise, qui consiste à laisser une tige verticale de laquelle très régulièrement partent, de la base au sommet, des branches, que l'on conduit horizontalement et parallèlement les unes aux autres. Cette méthode réussit parfaitement : on voit des arbres d'une très belle étendue. A l'égard du poirier, je citerai ici une nouvelle méthode de conduire cet arbre ; je l'ai observée dans le jardin fruitier de la Société d'Horticulture ; elle est nommée *taille en ballon*. Elle est ainsi conçue : on plante en ligne en plein carré, ou

____

(1) Plusieurs amateurs m'ont assuré qu'en Écosse, que je regrette de n'avoir pu visiter, les fruits y sont aussi beaux qu'en France. La culture de ce pays paraît être florissante ; les produits en sont très estimés.

sur des bordures de carré , des poiriers à tige, greffés à une hauteur ordinaire, et à la distance de douze pieds à peu près les uns des autres. On attache à l'extrémité des rameaux, les plus vigoureux et les mieux placés, tout autour de la tige , une ficelle que l'on fixe au tronc en courbant ces rameaux en arc ; on retranche tous ceux qui se développent à la partie supérieure pour ne laisser que ceux que l'on arque. On revient plusieurs fois dans l'année à ces arbres pour retendre les ficelles au fur et à mesure qu'elles se lâchent par l'extension des branches, en observant de toujours baisser ces ficelles sur le tronc selon l'accroissement des rameaux. On répète les mêmes opérations chaque année jusqu'à ce que l'arbre soit formé, c'est-à-dire jusqu'à ce que les branches arrivent à terre, en faisant la taille et l'ébourgeonnement nécessaires pour qu'il ne se développe pas de nouveaux rameaux qui tendraient naturellement à pousser verticalement.

Ces arbres n'étant pas de très ancienne plantation, je n'ai pu les voir en état parfait de formation ; mais j'ai assez étudié cette taille qui m'a aussi été expliquée, pour que je me permette d'en figurer la forme, pl. XV, fig. 1 et 2, qui en donneront une idée plus claire. Ces arbres quoique jeunes sont couverts de fruits. On concevra facilement que cette arcure de branches est très favorable pour accélérer et pour augmenter la fructification. La sève dérangée dans son cours ordinaire, et ralentie dans ses mouvemens, se répand plus également ment dans chaque partie, et fait que l'arbre se porte

(133)

abondamment à fruit. Un autre avantage que procure
cette sorte de taille, c'est de rapprocher les fruits des
grosses branches, ce qui leur donne un plus fort volume, parce qu'ils reçoivent plus directement et en
plus grande abondance les sucs nutritifs. Cette dévia-
tion de la sève fait peut-être aussi que le fruit a plus de
qualité, parce qu'il y a une élaboration plus lente et
par ce moyen plus complette.

J'ai fort peu vu de taille en quenouille et en pyra-
mide; je citerai seulement le jardin de la Société d'Horticulture, où il se trouve une collection assez étendue
de variétés de poires dont les arbres qui les portent sont
en quenouilles. Comme ils ne m'ont pas paru d'une
forme remarquable, je ne m'y arrêterai pas. J'ai peu
vu de contre-espalier.

Le potager de M. le duc de Northumberland a ses
plates-bandes garnies de pommiers-paradis que l'on
élève en vase très ouvert et les branches rapprochées
de terre; ils sont très bas de tige. Cette méthode que
je n'ai vue dans aucun autre jardin, et que nous ne
pratiquons pas encore en France, m'a paru d'heureuse exécution tant pour la régularité que pour la
production du fruit qui vient plus gros et plus coloré.
Voir pl. XV, fig. 3.

J'ai rencontré, en Angleterre, fort peu de vignes pa-
lissées le long des murs; cependant il y en a; mais
c'est plus particulièrement dans les petites cultures où
il n'existe pas de serres. Toutefois dans la plupart des
années, surtout celles qui sont humides, le fruit n'arrive
pas à maturité et ordinairement sa qualité est bien in-

férieure. Le grand cep, cité dans le jardin royal de Hampton-Court près Londres pour rapporter un si grand nombre de grappes de raisin dans les bonnes années, est en serre.

La culture des arbres fruitiers est généralement plus ou moins bien suivie en France; mais on remarque une amélioration sensible dans la taille du pêcher où l'on trouvait très communément des arbres informes. C'est surtout depuis que les cultivateurs ont appelé à leurs secours la théorie, que la taille des arbres fruitiers a été suivie avec connaissance de cause. Cette théorie est due à l'étude de la physiologie végétale, de laquelle on n'avait que des notions très inexactes. Cette science n'était connue que d'un petit nombre d'hommes qui la voyaient encore obscurément; depuis elle a été plus attentivement étudiée par des esprits pénétrans qui en ont fait l'application à la culture. L'horticulteur la fait entrer dans le domaine de ses connaissances pour éclairer sa pratique; aussi maintenant, conduits par de véritables principes, arrivons-nous plus directement vers le but autour duquel nous tournions en aveugles.

Engageons nos voisins à visiter les belles cultures d'arbres fruitiers de Montreuil près Paris, de Thomery près de Fontainebleau, le beau potager du roi à Versailles, l'école d'arbres fruitiers du jardin du roi à Paris, les pêchers de Praslin dirigés par M. Sieule, les pépinières royales de St. Cloud et d'Trianon (1).

(1) J'aimerais encore à citer la belle éco d'arbres fruitiers du Luxembourg, où l'on pouvait aller a tirer de beaux mo

et de plusieurs autres endroits qu'il serait trop long de citer ici. Ils rendront justice au savoir des jardiniers français, en disant avec la même franchise que nous disons chez eux : vous méritez la priorité sur nous dans quelques parties où nous nous avouons inférieurs.

Les Anglais savourent nos fruits, et ils les trouvent supérieurs aux leurs. Le climat humide et les pluies fréquentes ne permettent pas à leurs fruits d'acquérir les mêmes qualités que les nôtres; ils sont plus aqueux. Le soleil, qui ne se montre pas régulièrement, ne leur donne pas le coloris qu'ils devraient avoir, et en général, on ne leur trouve ni le suc, ni le parfum, ni la finesse de goût qui qualifient les nôtres.

La culture des fraisiers est extrêmement étendue en Angleterre, et il est à remarquer qu'il y a beaucoup de variétés qui diffèrent tout-à-fait des nôtres; leur port est plus élevé, leurs feuilles plus larges et les fruits généralement plus gros. J'ai mesuré des touffes de fraisier qui avaient 15 pouces de hauteur sur 24 de largeur. Il se vend considérablement de fraises, les marchés en sont abondamment approvisionnés et les

dèles de taille; les jeunes cultivateurs se trouvaient heureux de recevoir d'excellentes leçons-pratiques données sur les lieux et au pied de ces beaux végétaux qui faisaient la gloire de notre horticulture française; de cette école, sont sortis quelques élèves dignes de l'habile cultivateur qui les instruisait. Espérons que nous ne resterons pas long-temps privés d'un semblable lieu d'étude, qui a si puissamment contribué à accroître le goût d'une aussi belle et aussi utile branche de l'horticulture.

marchands en font un grand débit même sur les promenades. On m'a cité un terrain près du jardin de la
Société d'Horticulture de Londres où l'on cultive 25
arpens de fraises, et je suis certain qu'il n'est pas le
seul, de grande étendue, destiné uniquement à cette
culture. Dans les jardins que je visitais, j'en rencon-
trais souvent de très grands carrés. J'ajouterai ici, que
si nos espèces de fraises sont moins grosses, elles ont
surtout, dans quelques variétés que nous cultivons, un
arôme que les fraises d'Angleterre ne m'ont pas paru
avoir; mais je dirai aussi qu'elles ne manquent pas
d'une certaine saveur.

On y cultive moins de groseillers à grappes, rouges,
blancs et noirs qu'en France; mais beaucoup plus de
groseillers épineux, il y en a un grand nombre de variétés dont plusieurs ont des fruits remarquables.
M. Noisette en a rapporté et reçu d'Angleterre plusieurs
qu'il cultive dans son bel établissement. Les fruits de
cette dernière espèce sont consommés en vert. On en
fait des tourtes nommées *pudding* ou *tart* au *goss-
berry*. Ce mets n'est reconnu bon que par ceux qui
l'aiment. Les marchés sont garnis de ces groseilles qui
sont consommées avant la maturité. On fait du vin avec
le fruit du groseiller à grappes, comme avec toute
sorte d'autres fruits, tels que sureau, orange, etc. Ces
sortes de vin ne sont pas sans quelques qualités.

Je citerai quelques-unes des variétés de fraises qui
se rencontrent dans les cultures anglaises, et dont la
grosseur du fruit surpasse celle des variétés que nous
cultivons ordinairement dans nos jardins. Je ne serai

pas une citation nouvelle, parce que MM. Noisette, Vilmorin et plusieurs autres cultivateurs en possèdent, et que MM. Poiteau, dans le *bon Jardinier*, Pyrole dans les supplémens de l'*Horticulteur Français* et Boitard dans l'*Annuaire du Jardinier et de l'Agronome*, en ont donné la description ; mais je noterai, que j'ai vu comme ces Messieurs, plusieurs de ces variétés dans nos cultures françaises qui étaient loin d'approcher, pour la beauté des plants et des fruits, des mêmes variétés que j'ai observées en Angleterre.

Keen's seedling, fruits gros, arrondis, très colorés. *Rose Berry*, fruits gros, colorés, saveur très agréable ; cette variété qui est abondamment cultivée offre des sous-variétés non moins recommandables que le type. *Superbe Wilmot*, belle plante, fruits très gros quand le pied n'est pas trop chargé, très colorés, d'une saveur agréable. Qu'on ne s'attende pas à rencontrer toujours des fruits de la grosseur que les auteurs ont indiquée, ce serait s'abuser ; ils sont à peu près tous gros, mais le petit nombre sur chaque pied, concourt au volume. *Dowton*, belle plante et beaux fruits d'une saveur agréable. *Bostock* beaux fruits colorés. *Hautboy prolific* fruits colorés et parfumés. *Kean's imperiale*, fruits très colorés, saveur agréable. *Red-pine scarlet* fruits moyens très colorés, saveur et parfum agréables.

Ces variétés de fraisiers avec plusieurs autres, dont je n'ai que très imparfaitement les noms, qui sont abondamment cultivées dans le pays que j'explore, commencent à se répandre en France, et leur propagation ne tardera pas à s'étendre généralement dans nos cultures où elles nous fourniront sans doute de nouvelles variétés. Je ne me suis pas aperçu que la manière de cultiver cette plante en Angleterre, différât de la nôtre ; on la rencontre en planches ou en carrés, plus ou moins grands et en bordures pour les variétés qui prennent le moindre accroissement. Je ne dois pas oublier de dire que les variétés que je viens de citer paraissent se plaire préférablement dans un terrain léger, et dans les lieux ouverts exposés à la chaleur. J'ai cru voir aussi que les plants quoique très touffus sont renouvelés souvent. Les soins d'entretien et l'influence du climat, favorisent la végétation (1).

(1) Il est ordinaire de voir en Angleterre des personnes en se promenant ou vaquant à leurs affaires, chargées d'un panier de fraises qu'elles mangent (ce sont de petits paniers en forme de mannequins, longs, très étroits, surtout à leur partie inférieure, surmontés d'une anse ; ils sont faits de bois blanc refendu en lames minces); aussi rencontre-t-on un grand nombre de marchands qui viennent en offrir, ce qui prouve, par les consommateurs et les vendeurs, qu'el on fait incomparablement plus de fraises en Angleterre qu'en France. Assistant à une des séances de la société d'horticulture de Londres, je goûtai plusieurs variétés nouvelles de fraises, qui y furent présentées ; elles étaient remarquables par leur grosseur, leur beau coloris et surtout leur qualité. Je regrette de n'en pouvoir donner les noms ici ; elles pourront certainement être ajoutées aux variétés déjà recommandables de ce pays.

CHAPITRE XII.

JARDINS DE PRIMEURS.

Cette partie se fait remarquer en Angleterre, et prouve assez par le nombre d'établissemens que l'on voit, qu'il y a plus de goût en ce genre qu'en France, peut-être parce qu'il y a plus de moyens pour le satisfaire. Il existe plusieurs de ces établissemens marchands dans les environs de Londres où l'on voit surtout de très beaux ananas ; et chez la plupart des particuliers, c'est-à-dire ceux qui ont des cultures un peu étendues, on y trouve toujours des primeurs.

Comme cette partie nécessite de grandes dépenses, qu'un bien moins grand nombre de personnes en France peuvent faire comme en Angleterre, nous ne devons pas nous étonner de ce que les Anglais ont la supériorité. Ici on ne citerait pas d'établissemens comparables aux primeurs du jardin de Kew, de M. le duc de Northumberland et de plusieurs marchands des environs de Londres où tout est réuni, l'abondance, l'ordre et la propreté : l'une ou l'autre de ces qualités manque ordinairement chez nous. Le potager du Roi, à Versailles, mérite certainement notre admiration par ses cultures soignées et étudiées ; mais on doit moins la beauté de cet établissement aux dépenses que l'on fait

pour l'entretenir , qu'aux chefs qui sont chargés de le
soigner. Ils ont le talent de faire beaucoup avec peu ,
talent que les Anglais n'ont pas la peine d'acquérir, puis-
qu'ils ne manquent de rien pour faire beaucoup. Les
cultures du potager du Roi de France se sont bien
améliorées depuis quelques années , et on ne doit pas
douter que, dans peu de temps, il ne rivalise avec ceux
qui se distinguent en Angleterre. Déjà on y remarque
de nouveaux procédés qui ne contribueront pas peu à
simplifier les opérations; et ces sortes de cultures, que
nous avons toujours regardées comme les plus com-
pliquées et les plus dispendieuses, deviendront plus à la
portée des amateurs.

Les serres à forcer les fruits, de Kew, sont très élégantes et commodes, et remplissent parfaitement l'objet auquel on les destine. J'ai particulièrement remarqué une petite serre à vitraux obliques destinés à forcer des pêchers: elle a trente-six pieds de longueur sur
neuf pieds de largeur. Un seul rang de châssis la couvre:
aussi ces derniers ont-ils une bonne longueur, neuf pieds
sur trois pieds six pouces de largeur. Ils sont adossés
au grand mur sur lequel s'appuie la serre, et fixés
sur un petit mur qui forme le devant. Une tringle en
fer placée au milieu des châssis, et sur toute la longueur
de la serre les soutient. Le conduit de chaleur est placé
le long du grand mur : il est construit en briques, et
présente sur toute la longueur, à des distances régulières, deux rangs de bouches de chaleur. A une petite
distance des châssis, et parallèlement, se trouvent des
tringles de fer croisées en forme de treillage, qui ser-

vent à soutenir les arbres qui sont palissés dessus. Ceux
que j'y ai vus sont très beaux, bien garnis de branches
et de rameaux ; et le 14 juin , ils étaient couverts de
gros fruits très colorés , ne différant en rien de nos
belles pêches à espalier. L'utilité que j'ai reconnue à
cette serre, et sa grande simplicité , m'ont engagé à la
figurer Pl. XVI, fig. 1.re

Près de cette serre, j'en ai remarqué une autre d'un
genre différent, et plus grande dans toutes ses dimensions : elle est destinée à forcer des pêchers. Les arbres
qui la garnissent y ont une végétation admirable, et
comme dans la précédente, ils sont appuyés sur des
tringles en fer qui suivent les vitraux de la serre sans
s'en éloigner beaucoup. Ces arbres sont placés sur deux
rangs dont l'un, planté le long du grand mur, le garnit,
et l'autre , planté sur le devant , gagne le sommet en
formant une parallèle avec les châssis. Cette serre est
divisée en compartimens que l'on chauffe selon que
l'on veut avancer la maturité du fruit pour fournir à
différentes époques. (Voir Pl. XVI, fig. 2.) Il y a plusieurs autres serres qui sont à peu près dans le même
genre que celles que je viens de citer ; elles ne sont ni
moins commodes, ni moins élégantes.

Dans le même établissement , j'ai remarqué une
large bâche dans laquelle on cultive les ananas ; il n'y
a point de porte d'entrée, ni de chemin de service ,
toutes les manutentions se font par les châssis pour les
plantes et dans le dessous de la bâche pour le renouvellement des fumiers. Le dernier moyen fréquemment
employé dans les cultures anglaises, est extrêmement

ingénieux et paraît très favorable à quelque culture qu'on l'emploie; il mérite d'être cité et recommandé avec le désir de son introduction dans nos
cultures françaises. Dans cette bâche les ananas sont
enterrés dans le tan (1). On cultive encore des
ananas dans d'autres bâches et dans d'autres serres; ils
se rencontrent en grand nombre, tous beaux, et ayant
de très gros fruits. On force de même les cerisiers et
les figuiers. On voit aussi des vignes qui garnissent entièrement ou en partie des serres : deux pieds suffisent
pour en parcourir en différens sens toute l'étendue qui
est quelquefois considérable. Ces vignes n'ont jamais
de repos, c'est-à-dire que tous les ans elles sont
chauffées. Il en est de même du pêcher, et cependant
la vigueur que j'ai trouvée à ces arbres n'annonce pas la
moindre altération. Je ne crois pas que leur durée soit
longue; comme on les pousse à fruit chaque année, il
me semble qu'ils doivent être bientôt épuisés. Les
grappes de raisin sont grosses, longues et bien fournies,
et en général les fruits sont beaux, bien colorés et atteignent une parfaite maturité. Je ne négligerai pas de
dire que les pieds de vigne sont plantés au dehors des

(1) M. Knight, président de la Société Horticulturale de
Londres, a prouvé par des expériences qu'il a faites, qu'il
était possible de cultiver des ananas sans tannée; ils viennent
tout aussi bien pour ne pas dire mieux qu'avec cette substance
qui, pour plusieurs causes, devrait être exclue des cultures.
Je n'entreprendrai pas de les développer; elles sont assez connues des cultivateurs et des amateurs. J'ai vu en Angleterre de
très beaux ananas dont le pots étaient plongés dans du terreau.

serres. Les fourneaux qui servent au chauffage sont placés sur le derrière.

Dans les jardins de M. le duc de Northumberland on voit de fort belles serres à pêchers; les arbres sont aussi conduits parallèlement aux châssis et toujours rapprochés des vitraux: ils garnissent toute l'étendue des serres sans que l'on puisse trouver un seul coin de perdu. Ils sont bien verts, bien portans, pourvus de branches et couverts de beaux fruits. On voit des figuiers pallissés le long des murs du fond, et des vignes parcourir toute l'étendue des serres. Le raisin n'est pas moins beau qu'à Kew, et le jardinier, M. Feres, m'a dit en avoir donné le 19 avril. Il entre une grande quantité de fer dans la construction des serres de cette propriété, qui sont d'un goût exquis et d'une élégance achevée; les châssis sont tout en fer, ainsi que les supports, et l'intérieur est garni de tringles en fer qui soutiennent les arbres; aussi sont-elles claires et bien perméables aux rayons solaires.

Je parlerai ici d'une aspergerie de primeurs, qui m'a paru heureusement conçue. J'en donne la figure Pl. XVII.

C'est un carré long, entouré d'un mur principal dans l'intérieur duquel se trouvent des bâches encaissées par des petits murs en brique. Entre chaque bâche se trouve un sentier creux encaissé par les séparations des bâches. Les bâches contiennent de la terre préparée convenablement pour recevoir les pieds d'asperges, et les sentiers sont comblés de fumier que l'on renouvelle pendant le chauffage. Il y a plu-

sieurs ouvertures pratiquées dans les murs de séparation, qui sont autant de bouches de chaleur qui font
que la terre s'échauffe plus promptement, et s'entretient dans un degré égal. On couvre de châssis les
bâches, et si l'on veut, quand la température est
douce, en attendant les asperges de pleine terre, on
peut éviter de mettre des châssis. C'est un excellent
moyen pour avoir des asperges en toute saison, en
observant de préparer les plants de manière à ce qu'ils
soient toujours en état de développement : ce qui se
conçoit parfaitement.

Dans ce jardin on trouve toutes les commodités
possibles. Derrière les serres, il y a des bâtimens de
desserte, nécessaires au service de l'exploitation des cultures; on y trouve des chambres pour les élèves jardiniers, la poterie, le magasin aux terres pour les rem-
potages, les fruiteries, la greneterie, le lieu d'emballage
et la champignonerie dont j'ai parlé, le tout adossé
aux serres, comme j'en ai figuré la coupe pour la champignonerie Pl. XIV, fig. Iʳᵉ et au centre des cultures.

Le chauffage des serres des établissemens dont je
viens de parler se fait à la vapeur, procédé que nous
n'avons pas encore mis en usage en France, et je crois
avec raison; car, comme je l'ai déjà observé, on y a
toujours reconnu en Angleterre quelques inconvé-
niens, quoiqu'il soit bien préférable au chauffage à la
fumée dont nous connaissons les grands désagrémens.
Cependant pour ne pas me prononcer en me permettant d'approuver ou de désaprouver cette méthode de
chauffage de laquelle je me suis entretenu avec d'ha-

biles cultivateurs qui ne laissent pas de lui trouver quelques avantages pour les grands établissemens, je me contenterai de rapporter textuellement ce que m'a dit l'un d'eux, M. Guillaume Loddiges, qui, par expérience, peut donner son opinion qui doit prévaloir sur la mienne; je crois que l'on aimera à l'entendre parler. « Le chauffage à la vapeur, dit ce bon praticien, n'a « jamais été beaucoup répandu en Angleterre; plu- « sieurs causes l'ont empêché; c'est surtout l'appa- « reil comprenant les chaudières et les tuyaux en « fer qui coûte beaucoup à établir. Cet appareil de- « vient un objet considérable pour les petits établis- « semens, c'est-à-dire pour les petites serres; mais il « est incontestable que cette manière de chauffer con- « vient beaucoup plus aux établissemens étendus. « Dans quelques jardins, soit qu'on ait mal arrangé « les tuyaux, soit que les chaudières ne fussent pas « assez grandes, soit par quelques autres erreurs, « on a manqué le succès, et enfin abandonné le sys- « tème. Dans nos serres nous avons fait tout l'arran- « gement nous-mêmes sans ingénieur, et nous pou- « vons dire que nous sommes parfaitement contens, « et n'avons cessé un moment de l'être depuis le com- « mencement, qui était en l'année 1817, n'y ayant « jamais reconnu aucun mauvais effet. »

La preuve est à l'appui de ce que me disait M. Lod- diges, qui trouve un si grand avantage dans cette mé- thode de chauffage; et il est certain que toutes les per- sonnes qui visiteront l'établissement de ces deux frères associés, l'approuveront en voyant ce système établi sur une si grande échelle, et en remarquant que toutes les plantes soumises à la température que forme ce chauffage, sont dans un état brillant de santé. J'ai cité plusieurs autres grands établissemens, où les résultats ne sont pas moins satisfaisans que ceux que MM. Loddiges ont obtenus, et je laisse aux personnes qui ont visité comme moi ces établissemens, à se prononcer. J'ajouterai encore que ce système à établir étant un objet de dépenses considérables qui ne peuvent être faites que par de riches propriétaires, et surtout dans de vastes exploitations horticoles comme celles que l'on trouve en Angleterre, ne peut convenir en général en France, où nos établissemens sont d'une bien moindre étendue.

Il y a un autre chauffage dont on fait usage dans quelques endroits de l'Angleterre; c'est le chauffage à la circulation d'air chaud (1). J'en ai entendu parler sans en avoir vu beaucoup; je ne puis citer que l'aspergerie que j'ai déjà mentionnée. Il consiste à faire passer un air chaud provenant du calorique que développe la fermentation du fumier renouvelé, ou d'un mélange de feuilles et de fumier (pour obtenir une chaleur plus durable), que l'on entasse dans des encaissemens quels qu'ils soient. Sous ces substances on a préalablement placé des conduits en brique, qui conduisent l'air chaud dans le lieu que l'on veut échauffer; c'est par ce moyen que se chauffe l'aspergerie de primeur que j'ai précédemment figurée. Ce chauf-

____

(1) Voir la *Bibliothèque Universelle*, cahier de février 1829.

fage extrêmement simple n'entraîne à aucune dépense,
et paraît donner de très bons résultats : cette facilité
d'exécution engagera sans doute à en faire usage dans
nos cultures françaises. Les cultivateurs qui ne le con-
naissaient pas encore, le concevront très facilement en
pensant que les couches que l'on établit journellement
démontrent ce procédé. Le fumier seul, ou mélangé
avec les feuilles, entrant en fermentation, développe
de la chaleur qui pénètre la masse terreuse qui re-
couvre ces substances. Le calorique également répandu, échauffe la terre, qui reçoit par ce moyen le
degré de température que l'on cherche à obtenir
pour accélérer la végétation : il en est de même pour
les réchauds qu'on fait autour des couches : d'après cela,
on conçoit que cet air chaud qui échauffe les couches,
dirigé dans des conduits qui en établissent la circulation, peut s'étendre à volonté.

On pratique maintenant une autre sorte de chauffage en Angleterre, qui, je crois, sera généralement
adopté par la suite : c'est le chauffage à l'eau (1). Cette
dernière circule, comme la vapeur, dans des tuyaux
nécessitant bien moins de frais de construction que

(1) Il est de mon devoir de revendiquer cette invention,
en faveur de notre compatriote *M. Bonnemain*, qui l'ima-
gina pour en faire l'application à la couvaison artificielle
des œufs ; c'est le même qui inventa un appareil adapté à la
porte du foyer, pour juger de l'activité du feu ; il le nomma
régulateur du feu, parce qu'en effet il sert à le régulariser.

Ce procédé de chauffage était employé à Auteuil, pour l'in-
cubation des poulets, dans l'établissement confié aux soins
de M. Borne.

le chauffage à la vapeur. Ce système donne une économie dans le combustible, n'est sujet à aucun accident et paraît bien convenir aux plantes. De toutes les serres que j'ai vues en Angleterre, une seule est chauffée par ce procédé ; plusieurs cultivateurs à qui je demandai s'il en existait beaucoup, m'assurèrent que l'on n'en voyait encore d'établi qu'au jardin de la Société d'Horticulture, mais qu'on ne tarderait pas à en trouver dans d'autres établissemens ou il y en avait même déjà en construction.

J'ai figuré, pl. XIX, le plan fig. 1re, et une coupe prise sur ce plan fig. 2, de la serre de la Société Horticulturale de Londres, avec tous les détails de l'appareil. J'ai pensé que ces figures faciliteraient l'intelligence de ce chauffage, et prouveraient combien il est simple et facile à établir. L'appareil, fig. 3, est ainsi composé : d'une chaudière A, placée sur le foyer, à une extrémité de la serre; d'un réservoir B placé à l'autre extrémité, et de deux tuyaux parrallèles, l'un supérieur C, l'autre inférieur C', dans lesquels circule l'eau, et qui sont adaptés à la chaudière d'une part et au réservoir de l'autre. Le chauffage se fait ainsi : après avoir mis l'eau dans l'appareil, on chauffe la chaudière A : l'eau chaude plus légère monte et passe dans le réservoir B, par le tuyau supérieur C. Chaque partie d'eau chauffée, en suivant le même cours, est remplacée par de l'eau froide venant du tuyau inférieur C'; et par ce cours continuel d'eau chaude de la chaudière au réservoir, et d'eau froide du réservoir à la chaudière, tout l'appareil se trouve promptement échauffé. La circulation est d'abord précipitée, jusqu'à ce que toute l'eau contenue dans les vases et les conduits soit échauffée ; dès lors elle se ralentit sans s'arrêter, parce qu'il y a toujours inégalité de température entre l'eau des deux vases, tant que la chaudière est chauffée.

L'appareil peut avoir plus ou moins d'étendue, et les tuyaux peuvent faire autant de tours qu'on veut, pourvu qu'ils soient toujours horizontaux.

La chaudière est couverte, et au milieu il se trouve une ouverture circulaire ordinairement fermée par une plaque qu'on lève à volonté lorsqu'on veut connaître l'état de l'eau. Le réservoir est aussi fermé par un couvercle : par ce moyen on évite que les vapeurs aqueuses se répandent dans la serre, ce qui serait préjudiciable aux végétaux.

On vient d'établir un chauffage de ce genre au potager du roi à Versailles ; mais M. Massey, directeur de cet établissement, qui fit un voyage en Angleterre dans le temps où je m'y trouvais, a fait d'heureuses modifications dans l'appareil. D'après lui, la chaudière, au lieu d'être cubique, est semi-sphérique et doublée de manière que le centre est vide et que la circonférence contient l'eau : première modification qui me paraît avantageuse, parce que le volume d'eau contenu dans ce vase a moins d'épaisseur et qu'il est plus promptement échauffé. Ensuite la partie inférieure de la chaudière, c'est-à-dire celle qui pose sur le fourneau, au lieu d'être terminée carrément, est concave comme le fond d'une bouteille : seconde modification qui ne me paraît pas moins avantageuse que la première à cause de la célérité du chauffage : la flamme gagne le fond et tourne ensuite autour de la chaudière, ce qui nécessite une moins grande dépense de combustible ; et enfin il a substitué au réservoir deux coudes qui s'adaptent et qui fournissent le moyen d'économiser un vase : je ne doute pas que cet appareil ainsi modifié ne donne un excellent résultat. La serre, où il est établi, est aussi d'un très bon goût et d'un usage bien favorable aux plantes qu'elle renferme ; ce qui répond très bien au luxe de l'appareil qui est en cuivre.

L'avantage de ce chauffage est que l'atmosphère est toujours entretenue dans un état d'élasticité qui convient aux plantes : ce n'est pas une chaleur sèche et aride comme l'est celle que nous fournit notre chauffage ordinaire ; on n'a pas la crainte d'une chaleur par secousse bien nuisible aux plantes ; c'est une chaleur douce qui augmente et diminue insensiblement sans passage brusque aux extrêmes. Par ce chauffage, la température de la serre se soutenant assez long-temps à un degré élevé par l'eau, qui ne perd que lentement sa chaleur, fait que lorsqu'on est surpris dans les nuits froides, ou retardé, pour quelque cause que ce soit, dans la visite des fourneaux, les plantes sont moins exposées.

La serre du jardin de la société d'horticulture chauffée à l'eau, est destinée à la culture des ananas. Ceux que j'y ai vus m'ont prouvé que les plantes se plaisent dans cette atmosphère factice. Il y avait beaucoup de fruits ; j'en ai mesuré un moyen qui avait huit pouces

de longueur sur dix-sept pouces de circonférence. Les
plantes répondaient à la grosseur du fruit, elles étaient
fortes et bien vertes.

Les ananas sont beaucoup plus répandus en Angleterre qu'en France, et le fruit est en général plus gros.
J'ai observé aussi, dans plusieurs endroits, que ces
plantes étaient moins fortes, que les feuilles avaient
une teinte jaunâtre, et qu'elles paraissaient moins bien
portantes qu'au potager du roi à Versailles, où les pieds
larges et trapus sont couverts de belles feuilles vertes
qui prouvent la santé des individus. Leur fruit a acquis un volume qui démontre une grande amélioration
dans la culture de ces plantes. Les Anglais cultivent
beaucoup de variétés d'ananas qui fructifient, et ces
fruits varient de grosseur, de forme et de couleur selon
la variété; plusieurs ont un volume remarquable; mais
l'espèce la plus répandue et la plus estimée dans les
cultures de ce genre est la même que celle que l'on cultive le plus généralement en France. Depuis deux ans,
le perfectionnement de la culture de l'ananas au potager du roi est tel qu'il n'y a plus d'interruption
dans la fructification; et cette année, une expérience, qui a parfaitement réussi, a prouvé que plus
la culture des végétaux se rapproche de leur nature,
plus les résultats sont satisfaisans. On a placé dans une
serre une certaine quantité d'ananas en pleine terre;
la beauté des individus, leur accroissement du
double de celui qu'ils prennent en pot et le fruit d'une
grosseur qui répond à la végétation, font que cette
plante se rapproche tout-à-fait de son état naturel,

selon plusieurs voyageurs qui ont pu les comparer. Ce résultat simplifie la culture de cette plante, qui, compliquée telle qu'elle l'était, ne permettait pas à tous les amateurs de la comprendre au nombre des végétaux qu'ils cultivent. Espérons que cet exemple trouvera des imitateurs, et facilitera l'extension d'une culture qui fera toujours honneur au jardinier à qui on en confie les soins.

Les jardiniers anglais emploient pour les ananas une composition de terre très simple : c'est un mélange de loam et de terreau végétal.

J'ai rencontré fort peu de melons ; ils m'ont paru moins cultivés qu'en France. Comme je n'ai pas fait d'observations particulières sur ce végétal, je m'abstiendrai d'en parler.

En visitant les marchés, en juin, comme je l'ai dit ci-dessus, j'ai trouvé des ananas, des pêches et brugnons, des cerises, du raisin, tous fruits forcés très gros et bien colorés, qui prouvent assez que les Anglais réussissent aussi bien dans ce genre de culture que dans plusieurs autres.

Ils forcent aussi beaucoup de fraises de différentes variétés, on rencontre dans les jardins d'amateurs, des serres ou des bâches qui sont spécialement destinées à cet usage, et les jardiniers marchands exploitent en grand ce genre de produit : on peut s'en convaincre par la quantité qui abonde dans les marchés dans une saison encore prématurée. Cette abondance est très avantageuse parce que le prix permet pour ainsi dire à chaque classe de la société d'en faire usage.

Pour ne pas entrer dans de plus longs détails , sur les
produits artificiellement accélérés , je terminerai en
disant qu'aucun végétal d'économie domestique ne
paraît être oublié dans ces cultures. Ils réussissent parfaitement, et les productions prouvent assez que cette
intéressant partie est suivie avec empressement et généralement exploitée avec intelligence.

CHAPITRE XIII.

Pépinières.

Les pépinières sont abondantes en Angleterre; dans tous les endroits que j'ai parcourus, j'en ai plus ou moins rencontré : c'est surtout aux environs de Londres que j'en ai vu le plus. Elles sont toutes bien soignées, on y trouve de fort beaux sujets, et les pépinières ordinaires ne m'ont paru ni plus ni moins belles, ni autrement cultivées que les nôtres, seulement il m'a semblé que les individus étaient plus rapprochés les uns des autres : je me rappelle même en avoir fait l'observation. Cependant partout où je suis allé, je n'ai pas vu une seule pépinière de végétaux ordinaires, c'est-à-dire fruitiers, d'ornement d'un usage habituel, et forestiers, comparable à celles de Vitry près Paris. Il n'en est pas de même des grandes pépinières, où les collections sont nombreuses, étendues et toutes distinctes : celles-là méritent d'être citées. Je me bornerai à parler de deux qui m'ont paru mériter la priorité, quoique l'on en rencontre plusieurs autres qui n'offrent pas moins d'intérêt.

Je commencerai par celle de M. Malcolm, remar-

quable surtout par la grande quantité de semis et les
plants de différens âges que l'on y trouve. Indépendamment des arbres fruitiers, forestiers, d'ornement,
et arbres verts, on y trouve une fort belle collection
de plantes de l'Amérique septentrionale.

Pour les semis, il y a un carré séparé, très grand,
uniquement destiné à cet usage; ils sont faits en
planches dans un terrain léger, substantiel, argilo-
siliceux. On y remarque beaucoup d'espèces de pins,
sapins, et autres arbres verts, de chênes et de noyers
d'Amérique, dont quelques-unes sont nouvelles,
rares ou peu connues, et que nous semons avec
grand soin en terrines sous des châssis, ou dans
des planches préparées, afin de mieux assurer la
réussite. Dans un autre carré sont les plants de
différens âges, plantés en planches ou en carrés
selon la quantité : on y remarque de très beaux
sujets.

Dans la grande pépinière où sont réunis tous les
plants livrables, j'ai remarqué une quantité de ce beau
peuplier de l'Ontario, POPULUS *ontariensis*; cette
belle espèce commence à se propager dans les cultures françaises. J'en ai vu de forts individus en
Angleterre qui m'ont convaincu que cet arbre est
digne, par son port, la régularité de son tronc et de
ses branches et la beauté de son feuillage, d'être introduit dans nos jardins, quelques caractères qu'ils aient:
il se multiplie très bien par boutures. L'ULEX *europœus*
var. *flore pleno* est cultivé en grand ; ce bel arbrisseau,
que j'ai déjà cité, se multiplie par boutures, qui pren-

nent parfaitement, en se servant de jeunes rameaux que l'on enfonce dans un terrain frais et meuble, dans un lieu abrité et ombragé. Il paraît qu'il est très difficile d'obtenir cette variété en semant de la graine du type l'ULEX *europæus*, qui, comme l'on sait, en produit assez abondamment. Cette belle variété ne saurait être trop recommandée pour les jardins d'ornement.

Dans cet établissement, il y a quinze arpens de terrain destiné à élever des arbres fruitiers; c'est dans ce lieu que j'ai trouvé les plus beaux sujets, qui prouvent le talent du cultivateur et les bonnes dispositions du pays pour augmenter et améliorer ce genre de culture, qui, selon moi, est le plus en arrière. J'y ai remarqué de jeunes quenouilles poiriers fort belles, élevées avec principe, et de fort beaux pêchers, qui ne sont pas moins bien dirigés, et qui feront effet lors de leur plantation.

Je quitte ce bel établissement, qui m'offrirait encore beaucoup de choses à dire sur les beaux végétaux ligneux de nouvelle introduction, et sur la quantité de chaque espèce d'arbres résineux et autres qui s'y font admirer. (Je n'ai jamais été à portée de voir autant de PINUS *cembro* en jeunes plants et sujets déja formés, et je crois même qu'on en rencontrerait difficilement un plus grand nombre.) Je le quitte, dis-je, pour parler de celui de MM. Loddiges.

La pépinière de MM. Loddiges frères mérite d'être citée comme modèle pour l'ordre qui règne dans la collection d'arbres et arbustes, qui est très étendue, et pour la forme du jardin, qui a une disposition telle qu'il serait difficile de tirer un meilleur parti du terrain consacré à cette culture.

Il est ainsi disposé : pour le tracé, on est parti d'un point central, et de ce point, la première chose qui se présente à la vue, c'est un cercle planté en KALMIA *latifolia*, qui forment une masse épaisse, éclatante de beauté lors de la floraison. (Plusieurs belles et curieuses variétés obtenues de semences se distinguent dans la masse.) Autour de ce cercle, on remarque trois plates-bandes doubles entourées d'allées qui les accompagnent. Au milieu de chaque plate-bande, et pour en faire la séparation, des arbres et arbustes d'espèces variées, que l'on entretient à une certaine hauteur, y ont été plantés. Cette plantation a pour but d'abriter et de donner de l'ombre aux plantes de ces plates-bandes, composées de *rhododendrum*, *andromeda*, *azalea*, etc., enfin de toutes les espèces que nous connaissons sous la dénomination de plantes de terre de bruyère (1), ou de plantes de l'Amérique septentrionale (2).

(1) Cette dénomination ne me paraît maintenant exacte que jusqu'à un certain point, parce qu'il est prouvé que la plupart de ces plantes peuvent croître dans des compots que l'on a avantageusement substitués à la terre de bruyère dans le but d'économiser cette dernière qui devient rare. Voir *Annales de la Société linnéenne de Paris*, tome III, p. 57 ; *Annales de la Société d'Horticulture de Paris*, 4ᵉ et 6ᵉ livraisons ; et *Journal de la Société d'Agronomie pratique*, nᵒˢ de février et avril 1829.

(2) Cette seconde dénomination, comme la précédente, ne me paraît pas rigoureusement appliquée, parce que nous cul-

Les allées qui entourent ces plates-bandes sont couvertes d'herbe, c'est-à-dire qu'elles forment tapis de gazon, elles excèdent de quelques pouces la surface des plates-bandes. Cette méthode d'allées m'a paru de quelque intérêt. Le gazon, qui retient toujours plus d'humidité que la terre, fait que les plates-bandes se ressentent de cette humidité favorable aux plantes qu'elles contiennent, qui sont dans un fort bel état. La pl. XX représente cette partie de la pépinière que je viens de décrire.

Immédiatement après ces plates-bandes, tout le jardin, par le tracé du terrain, forme une volute qui s'élargit dans ses contours de manière à laisser un assez grand espace, dans lequel se trouvent placés en lignes les arbres ou arbustes, qui sont classés dans l'ordre alphabétique de leur nom. Les plantes dites de terre de bruyère sont soumises à la même classification; comme elles sont toutes réunies dans les premières plates-bandes au centre, elles forment la première série. Chaque rang d'arbres vient aboutir sur une plate-bande dans laquelle est placé un individu de chaque espèce qui se trouve à la tête du rang, ou au milieu de plusieurs, s'il y a lieu. Cet individu n'est jamais enlevé, il est abandonné à son accroissement naturel. Son nom est au pied, sur une brique enfoncée en terre

tivons en terre de bruyère différentes espèces qui ne sont pas de l'Amérique septentrionale; et un grand nombre d'espèces originaires de cette région boréale sont cultivées, non-seulement dans des terres préparées, mais encore dans un sol naturel, sans choix préalable.

par l'une de ses extrémités : c'est un lieu d'étude, qui facilite le choix que voudrait faire un amateur en lui permettant de juger de l'effet que chaque espèce peut produire. En abandonnant ces arbres à leur accroissement naturel, on conçoit que les gros qui en prennent un considérable, finiraient par occuper un grand espace, et nuiraient aux cultures environnantes; je ne vois d'autres moyens à prendre que de renouveler ces arbres ; ce que l'on fera, sans doute, lorsqu'on s'apercevra qu'ils nuisent. (J'en ai remarqué plusieurs qui étaient déja arrivés à une certaine élévation.)

On fait usage de plusieurs sortes de terre de bruyère en Angleterre, dont j'ai rapporté des échantillons dans l'intention de les comparer avec les nôtres : la première est blanchâtre par la quantité de sable qu'elle contient; la seconde est d'un noir marron, sablonneuse, plus chargée d'humus que la précédente, et colorée par la petite quantité de fer qu'elle contient; la troisième est très noire, elle contient moins de sable que les deux précédentes, et n'est, pour ainsi dire, qu'un pur humus produit par la décomposition des parties végétales; on ne la rencontre qu'à une petite épaisseur. La quatrième est la terre de bruyère tourbeuse. C'est la seconde qu'ils emploient pour la culture des bruyères; contenant plus d'humus et de fer que les autres, ces plantes s'y plaisent ; l'état où elles sont dans les cultures anglaises le prouve : le climat humide et l'atmosphère brumeuse y contribuent sans doute essentiellement.

Comme la terre de bruyère commence à devenir

très rare en Angleterre, on se sert le plus communément de loam, qui remplit parfaitement le même objet pour la plupart des végétaux que l'on alimentait primitivement avec cette terre. Toutes les plates-bandes destinées à la culture des plantes de l'Amérique septentrionale sont formées de ce loam : elles y ont une végétation plus rustique, et y prennent un plus grand accroissement que dans la terre de bruyère pure que l'on n'emploie maintenant que pour les plantes délicates et rebelles à la culture. Ce loam est une terre extrêmement légère, très siliceuse, que l'on prend en pleine campagne, et que l'on trouve, comme on doit le penser, très abondamment ; tandis que la terre de bruyère, déja assez rare chez nous, l'est davantage maintenant en Angleterre.

Je rapportai de ce loam avec l'intention de connaître ses parties constituantes, afin de savoir si nous n'aurions pas une terre qui s'y rapportât, ou que l'on pût lui substituer par de simples additions. A cet effet, je me rappelai que la terre de Clamar, dont on fait un si grand usage à Paris et dans les environs pour la culture des plantes de serre en la faisant entrer en principale partie dans les mixtions, que cette terre, dis-je, avait à peu près le même aspect. A mon retour, je résolus de procéder à l'examen par l'analyse que nous fîmes mon frère et moi. Je rapporterai ici les résultats de nos opérations, en observant qu'il nous a été impossible de les répéter pour la terre anglaise, dont je n'avais qu'une petite quantité. Notre travail ne sera sans doute pas sans imperfection, quoique nous osions assurer que nous avons procédé très scrupuleusement. Toutefois nous restons convaincus que nous ne pourrions pas nous être assez éloignés de la vérité pour qu'il existât une grande différence.

Analyse de la terre de Clamar.

Eau d'absorption.	31,25	
Pierres siliceuses.	62,5o	
Fibres végétales.	5,21	
Matières végéto-animales.	60,76	
Carbonate de chaux.	5o,35	1000 parties.
Oxide de fer.	17,36	
Alumine.	27,78	
Silice.	79,86	
Sable siliceux fin.	579,86	
Perte.	85,07	

Analyse du loam.

Eau d'absorption.	46,01	
Pierres siliceuses.	13,02	
Fibres végétales.	1,73	
Matières végéto-animales.	43,4o	
Carbonate de chaux.	19,10	1000 parties.
Oxide de fer.	52,12	
Alumine.	39,06	
Silice.	117,19	
Sable siliceux fin.	656,25	
Perte.	52,12	

D'après ces analyses, j'ai pu voir que notre terre française (*la terre de Clamar*) différait fort peu de la terre anglaise (*le loam*). L'une et l'autre sont composées des mêmes substances qui ne varient que dans la proportion des parties ; en faisant addition de ce qui manque à la première, je ne doute pas que l'expérience nous prouve qu'on pourra très avantageusement s'en servir, en remplacement de la terre de bruyère pour les plantes de pleine terre surtout, et pour beaucoup de nos végétaux de serre.

Je reviens à l'examen de l'établissement de MM. Loddiges, et je vais signaler les végétaux qui ont plus particulièrement fixé mon attention.

Le MAGNOLIA *grandiflora* et ses variétés passent très bien l'hiver en pleine terre, j'en ai vu un mur garni où ces arbres présentaient l'aspect d'une brillante végétation ; plusieurs autres espèces de *magnolia* sont placées en rang dans la pépinière, sans choix de terrain ; ils n'y prospèrent pas moins bien que les autres arbres. On remarque plusieurs variétés de tulipiers ; quelques-unes sont caractérisées par le feuillage, d'autres par la fleur, et elles sont plus ou moins distinctes. On trouve une fort belle collection de chênes, de pins, de peupliers (trois espèces ou variétés de ce genre, sans nom, se font remarquer par leur port différent des autres) ; un carré du POPULUS *ontariensis* : celui qui est en montre à l'étiquette est très gros. Il paraît avoir été planté en même temps que les autres espèces qui l'avoisinent, et cependant son accroissement est supérieur à celui de ces mêmes espè-

ces : des *juglans*, des *mespilus* : ce dernier genre m'a
paru un peu confus par la grande quantité d'espèces
ou variétés que l'on y remarque, et dont plusieurs
ne diffèrent que peu ou point entre elles. Cet établissement est nombreux en espèces et variétés : on y
observe, comme dans plusieurs pépinières anglaises,
quelques espèces nouvelles pour nous, ou dont quelques cultivateurs ne possèdent encore qu'une petite
quantité ; il est aussi remarquable par l'ordre qui y
règne et qui fait que chaque culture reçoit les soins
qui lui sont nécessaires. Cette classification alphabétique dont j'ai parlé, qui est de même adoptée pour
les autres végétaux, procure au propriétaire une
grande économie de temps : en un moment on a sous
la main tout ce dont l'on peut avoir besoin. J'ai visité
plusieurs fois cet établissement, et je ne suis jamais
sorti sans avoir fait quelques nouvelles observations ;
c'est un lieu d'étude que les étrangers visiteront avec
plaisir, surtout lorsqu'ils seront entrés en rapport
avec les propriétaires, qui accueillent obligeamment
les amateurs et encouragent avec bienveillance les
jeunes botanistes-cultivateurs.

Je vais donner la nomenclature des arbres et arbrisseaux qui m'ont inspiré le plus d'intérêt dans les
divers jardins que j'ai visités : je désirerais pouvoir joindre la description de chacune des espèces, mais, comme j'ai déjà eu l'occasion de le dire,
le temps ne m'a pas permis de m'occuper de botanique, autant qu'il aurait fallu pour compléter
ce travail ; d'ailleurs la plupart de ces végétaux

sont décrits dans les ouvrages qui traitent de cette science.

Plantes de l'Amérique du Nord dont la plupart sont cultivées dans le loam, (ici plantes de terre de bruyères).

ANDROMEDA *pilulifera, prunifolia, catesbœi, canescens, ligustrina, caliculata nana* et plusieurs autres variétés de cette espèce, *axillaris latifolia, acuminata speciosa glauca, polifolia* (plusieurs variétés), *frondosa, ferruginea*. Cette dernière espèce dont M. Malcolm possède un fort individu est tellement rebelle à la multiplication, que ce pépiniériste, après plusieurs essais, n'a pas pu parvenir encore à la propager.

Les AZALEA, en Angleterre, sont nombreux en variétés, je ne citerai ici, que celles qui m'ont paru offrir le plus d'intérêt pour l'ornement (1).

(1) Le genre *Azalea* offre maintenant un grand nombre de variétés obtenues de semis, toutes plus remarquables les unes que les autres. Il est certain que ce nombre s'accroîtra encore par les nouveaux types qui présentent une grande variation florale, et qui donnent naissance à de nouveaux individus. Il est remarquable en culture que, pour quelques espèces, la formation des hybrides est assez lente, parce que le contact qui les produit n'est pas assez facilité; mais pour peu qu'on le favorise on obtient bientôt d'heureux succès.

Un fait certain c'est que les richesses en hybrides ne s'accroissent que lorsque le type primitif a fourni de nouveaux types qui par les semis produisent successivement des individus variés en couleur; et cet accroissement est d'autant

AZALEA *cruenta, morterii, guillaumus primus, calendulacea flammea, calendulacea cuprea, calendulacea chrysolectra, calendulacea humilis, calendulacea ignescens, aurantiaca speciosa, hirta, nitida, verticillata, viscosa pennicillata, triumphans, pontica fulgens, pontica flammea, pontica aurantiaca,* etc.

CALYCANTHUS *pensylvanicus, oblongus.*

CLETHRA *paniculata, nana, scabra.*

EMPETRUM *scoticum, album.*

ERICA *viridi-purpurea, scoparia, australis, australis rubra, ramulosa, stricta,* et plusieurs variétés *de cinerea.*

FOTHERGILLA *serotina, gardeni.*

plus intéressant que les fleurs des variétés diffèrent davantage par leurs nuances. Je conclus de là que les collections ne deviennent remarquables que lorsqu'elles sont nombreuses en variétés parées de couleurs distinctes. Cela est si vrai que les cultivateurs s'efforcent d'arriver à ce résultat.

Nous possédons déjà de riches collections de végétaux ; mais combien encore ne nous sont pas connues. Les Azalées par exemple ne le sont pas encore assez ; cependant une collection de ce genre serait fort intéressante autant par les riches nuances des fleurs, que par la légèreté de leur port, la forme gracieuse de leur corolle et l'odeur qu'elles exhalent. Je ne pouvais me lasser d'admirer les collections que j'ai vues en Angleterre et surtout celle de MM. Loddiges ; ces messieurs m'ont assuré que les Pays-Bas offraient encore plus de richesses dans ce genre que l'Angleterre. Il paraît que la Belgique dont on cite les cultures, est remarquable par les nombreuses et riches collections en hybrides.

Epigæa *repens.*

Gaultheria *shallon*, très jolie espèce, basse et touffue; tiges couchées; feuilles courtement péliolées, presque orbiculaires, finement dentées; grappes de fleurs axillaires couvertes de raies glanduleuses, visqueuses. Fleurs blanches teintes de rouge, accompagnées d'écailles.

Un autre *gaultheria* sans nom, tout nouvellement apporté de la côte nord d'Amérique.

Halesia *diptera.*

Ledum *decumbens, canadense, buxifolium.* Ce dernier diffère du Ledum *thymifolium* par son port un peu plus élevé, et ses feuilles beaucoup plus larges.

Menziesia *globularis, ferruginea, cœrulea.*

Myrica *splendens.*

Rhododendrum *lapponicum, chamæcistus, obtusum, integrifolium* (1).

Vaccinium *arctostaphyllos, buxifolium, dumosum, elevatum, obovatum, marilandicum, pallidum, crassifolium, erythrocarpum, diffusum, hallerifolium, meridionale, lucidum, tenellum, minutiflorum, grandiflorum, ligustrinum, hispidulum, formosum, latifolium, fuscatum, myrsinites, frondosum, virginicum, venustum, pumilum, nitidum,*

(1) Ce genre a une grande tendance à l'hybridité; il a déjà fourni plusieurs variétés fort intéressantes; mais je suis convaincu que l'on obtiendrait encore de meilleurs résultats, si l'on aidait la nature par des fécondations artificielles; ainsi que cela se pratique dans quelques établissemens français et anglais.

virgatum, *pensylvanicum*, *prunifolium*, *resinosum*, *carolinianum*, *stamineum*, *speciosum*, *salicinum*.

STUARTIA *marilandica*.

La culture des plantes de terre de Bruyère a pris un beau développement en France, où plusieurs établissemens de Paris et des environs surtout offrent de fort belles collections. Versailles compte aussi dans son sein plusieurs cultivateurs qui excellent dans ce genre. Indépendamment de plusieurs établissemens marchands de cette ville, remarquables par le plus grand nombre de végétaux qui les meublent, je ne dois pas passer sous silence la pépinière Royale de Trianon où ces sortes de cultures sont suivies avec beaucoup de soins. La quantité innombrable des individus, tous dans le plus bel état, fait honneur aux cultures françaises et prouve le talent des chefs qui la dirigent. La propagation y est pratiquée en grand ; ce qui procure une succession non interrompue de richesses végétales qui ornent continuellement cette belle pépinière.

Arbres et arbustes.

ACER *barbatum*, *coriaceum*, *lævigatum*, *palmatum*.

ÆSCULUS *aculeata*, *humilis*, *orientalis*.

ARTEMISIA *tobolskiana*.

BERBERIS *americana*, *napalensis*, *aristata*, *sibirica*, *provincialis*, *daurica*, *heterophylla*, *chytria*, *pinnata*.

BETULA *thouinia, australis, laciniata, daurica, canadensis, pontica, tristis, pumila, sibirica, verrucosa.*

CORNUS *asperifolia, fastigiata, sibirica.*

CRATÆGUS *apiifolia, carpathica, punctata, splendens, viridis.*

CUPRESSUS *Tournefortii.*

CYTISUS *scoticus, falcatus, ruthenicus.*

FAGUS *caroliniana, sylvatica incisa.*

FRAXINUS *appendiculata, glauca, lucida, oxycarpa, oxyphylla, simplicifolia, Theophrasti.*

GENISTA *decumbens, Italica, florida, diffusa, ovata, procumbens, radiata, scariosa.*

GLEDITSCHIA *horrida, purpurea, japonica, aquatica, orientalis, microcanthos, latisiliqua.*

HIPPPOHÆA *argentea, salicifolia.*

JUGLANS *balsamea, laciniosa, porcina, rigida, sulcata.*

JUNIPERUS *alpina, canadensis, caroliniana, cracovia, daurica, drupacea, recurva, tamariscifolia.*

LONICERA *etrusca, grata, implexa.*

MESPILUS *floribunda, montana, xanthocarpa.*

MORUS *pensylvanica, pumila.*

NITRARIA *caspica, schoberi.*

NOTELEA *ligustrina.*

NYSSA *biflora, capitata, sylvatica.*

PHILADELPHUS *gracilis, laxus, napalensis.*

PINUS *adunca, Banksiana, clanbrassiliana, fraseri, nova-zeelandica, pinaster, resinosa, rigensis.*

PLATANUS *acerifolia, cuneata, Hispanica.*

Populus *cordifolia, supina, trepida, pendula, sapina.*

Potentilla *floribunda, glabra.*

Prinos *canadensis, prunifolius.*

Prunus *montana, cocumiglia* (1), *pseudo-cerasus, pubescens, susquehana, verrucosa.*

Pyrus *orientalis, Upsalensis.*

Quercus *cerris foliis variegatis, oxoniensis, gramuntia, Marilandica, nigra, ragnal, Turneri, robur laciniata.*

Robinia *davurica, hispida, arborea, macrocantha.*

Rubus *albus.*

Sambucus *pubescens, rotundifolia.*

Sorbus *græca, Polonica, vestita.*

Spartium *scoparium fl. albo.*

Spiræa *canadensis, daurica, tobolskia, undulata.*

Taxus *procumbens.*

Thermopsis *laburnifolia.*

Thuya *plicata.*

Tilia *Europæa laciniata, macrophylla.*

Viburnum *lantanoides, longifolium, montanum, obovatum, oxicoccos, pubescens.*

Vitis *hirsuta.*

Ulmus *cebenensis, crispa, nodosa, pumila, viminalis.*

(1) Cette espèce nouvellement apportée du Népaule est dite éminemment fébrifuge.

ZANTHOXYLUM *virginicum.*

Ces espèces et plusieurs autres que je n'ai pu citer, trouveront certainement place dans nos cultures où elles sont dignes de figurer. Ces nouvelles acquisitions nous donneront la facilité de varier les plants qui doivent composer nos jardins, car plus nous pourrons nous étendre dans notre choix, plus nous aurons les moyens de produire de beaux effets, qui ne s'obtiennent que par une grande variété dans le feuillage pour former les masses et caractériser les scènes.

Ici se terminent mes observations; je m'estimerai très heureux, si elles ont pu offrir quelque intérêt à mes lecteurs. Je ne crains pas que l'on m'accuse d'avoir rabaissé le mérite de l'une des deux nations pour élever celui de l'autre. Animé du désir de voir prospérer notre horticulture française, j'ai cédé aux sentimens qu'éprouve tout ami de son pays, en essayant, par le rapprochement de ce qui se passe chez les deux nations, de reconnaître à quel degré nous sommes arrivés, afin que, par une persévérance assidue, nous puissions atteindre ceux qui sont si justement cités dans l'art de la culture. A cet effet, j'ai dit tout ce que j'ai vu, rien que ce que j'ai vu, et comme je l'ai vu. Les jardiniers anglais ont la réputation de bien cultiver, et les jardiniers français sont déja jugés par des hommes, si non plus zélés que moi, du moins plus instruits, et par conséquent plus capables de les apprécier. Je désire être assez heureux pour obtenir leur suffrage que je regarderai toujours comme un puissant stimulant dans les efforts que je ne cesserai de faire pour me

rendre digne d'être compris au nombre des horticulteurs français. Je prie aussi les amis de l'horticulture,
qui daigneront jeter les yeux sur cet opuscule, de
m'accorder leur indulgence, en faveur des motifs qui
m'ont guidé en publiant ce travail, qui est mon premier essai dans la carrière scientifique.

FIN.

ADDITIONS (1).

Fraises.

Les variétés de fraises, préférablement cultivées pour l'abondance et la beauté des fruits, sont en effet celles que j'ai citées; mais je ne devais pas omettre de dire que la fructification est plus ou moins abondante suivant la qualité du terrain et les soins de culture qu'elles reçoivent.

La *Roseberry* est ordinairement celle que l'on emploie pour forcer; je me rappelle de l'avoir vue parfaitement réussir dans les cultures de primeurs. Ses fruits y sont nombreux, gros et colorés, quoique cette fructification soit le résultat d'agens artificiellement produits.

Ananas.

Les ananas, préférablement cultivés en Angleterre pour leur beauté, sont les ananas *Providence*, *Blach-Jamaica*, *Enville*, *Otaheite*, *Globe*.

Ceux dont la qualité est supérieure sont : *Blach-Jamaica*, *Havannal*, *Old queen*, *Brow-sugurloof*, *Antigua queen*, *Montserrat*.

(1) J'ai dû attendre pour consigner ici les deux observations ci-dessus, que ma correspondance avec les Anglais ait confirmé les notes que j'avais prises, mais qui me laissaient quelque incertitude.

ERRATA.

Pages. lignes.

31 11 *A la loque ; ils sont*, lisez : *à la loque. Ces jardins sont.*
48 18 *Au minimum de son accroissement*, lisez : *de leur accroissement.*
72 25 Supprimez : *By.*
88 4   *Scaforthia*, lisez : *Seaforthia.*
Id. 21 *Botryapium*, lisez : *Botryophora.*
Id. 30 *Batana*, lisez : *Bataua.*
89 15 *Cafra*, lisez : *Caffra.*
Id. 29 Supprimez : *est bien.*
Id. 30 *Dycotyledons, polycotiledons*, lisez : *dicotyledons, polycotyledons.*
93 4   *Monanthum*, lisez : *monanthemum.*
94 23 *Arborea*, lisez : *Arborescens.*
96 4   *Phyllitidis*, lisez : *phyllitides.*
97 10 *Plumerii*, lisez : *Plumierii.*
100 2 *Brassavolia*, lisez : *Brassavola.*
Id. 6   *Gomesia*, lisez : *Gomeza.*
Id. 13 *Racemosa*, lisez : *racemiflora.*
101 15 *Elypticum*, lisez : *Ellipticum.*
102 11 *Clidanthus*, lisez : *Chlidanthus.*
Id. 19 *Campyleia*, lisez : *campylia.*
107 12 *hymenandria*, lisez : *hymenandra.*
Id. 13 *Cuninghami*, lisez : *Cunninghamii.*
109 17 *Calicoma serrata*, lisez : *Callicoma serratifolia.*
Id. 18 *Cheiranthodendrum platanifolium*, lisez : *Cheirostemon platanoïdes.*
111 27 *Angustifolia*, lisez : *Angustifolius.*
Id. Id. *Lotifolia*, lisez : *Latifolius.*
113 2 *Lachnea*, lisez : *Lachnæa.*
Id. 3   Même faute.

Pages. lignes.

113	7	*Merendera bachleana*, lisez : *Maurandia barclaiana*.
120	»	**CHAPITRE XI**, lisez : **CHAPITRE X**.
128	»	**CHAPITRE XII**, lisez : **CHAPITRE XI**.
137	12	*Rose Berry*, lisez : *Roseberry*.
Id.	26	*Superbe Wilmot*, lisez : *Wilmots superb*.
Id.	22	*Dowton*, lisez : *Downton*.
Id.	25	*Kean's imperiale*, lisez : *Keen's imperial*.

FIN DE L'ERRATA.

EXPLICATION

DES PLANCHES

DU VOYAGE AGRONOMIQUE.

PLANCHE PREMIÈRE.

Habitations anglaises devant lesquelles se trouve un petit jardin.

Ces maisons, d'une architecture extrêmement simple, sont construites en briques; elles sont presque toujours ornées, sur la façade principale, d'une petite portion de terrain en culture qui donne sur la rue. En voyant ces quatre maisons, on peut avoir l'idée de toutes ces sortes de constructions anglaises qui sont pour ainsi dire uniformes; cependant, dans plusieurs quartiers nouveaux, on remarque de récentes constructions qui sont établies avec luxe.

PLANCHE II.

Plan de quatre petits jardins qui se trouvent devant les habitations anglaises ; nous les avons nommés jardins de ville.

J'observerai que ces petits jardins ne présentent pas la même disposition de forme et de tracé ; ils varient selon l'étendue du terrain. Par cette planche j'ai voulu faire connaître ces sortes de jardins qui donnent aux habitations la gaîté et le charme de la campagne.

A. Habitations.

B. Jardins.

C. Escalier qui conduit à l'habitation.

PLANCHE III.

Plan d'une place de la ville de Londres. (Squarre).

En Angleterre toutes les places publiques sont ornées, au centre, d'un jardin entouré de grilles. Cette méthode, qui offre l'avantage d'atténuer la sévérité qu'offre cette régularité de construction, décèle le goût de cette nation pour la culture.

A. Les maisons.

B. Jardins de ville sur une des façades des maisons.

C. Façade de la maison sur le squarre. Cette partie forme une espèce de petite cour.

D. Trottoirs.

E. La rue.

F. La place ou squarre.

G. Centre du squarre tracé en jardin qui est entouré de grilles.

PLANCHE IV.

Plan topographique du jardin de la Société zoologique de Londres, situé dans le parc du prince régent. (Extrait du guide du jardin zoologique).

Nos 1. Entrée.

2. Terrasse qui, par son élévation, permet la vue de tout le jardin.

3. Emplacement où se trouvent les ours, terminant la terrasse.

4. Rangée de loges (projetée) pour recevoir les grands animaux.

5. Jardin d'agrément (projeté). Dans cet endroit on a provisoirement établi des enclos et des bâtimens qui sont occupés par différens animaux.

6. Escaliers qui conduisent au jardin d'agrément.

7. Derrière d'une cour qui dépendra de la cour des loges.

8. Chenil provisoire.

9. Loges pour quelques grands animaux.

10. Enclos occupé par des rennes (provisoirement).

11. Enclos pour les kangarous (provisoirement).

12. Hutte des lamas.

13. Enclos pour différentes espèces de moutons et de chèvres.

14. Rang de volières divisées par compartimens.

15. Enclos pour les pélicans.

16. Enclos de l'ému.

17. Pelouse entourée d'un grillage ; une pièce d'eau et un petit rocher se trouvent au centre de cet enclos qui est destiné aux oiseaux aquatiques.

18. Enclos pour les grands oiseaux aquatiques.

19. Bâtiment circulaire destiné aux grands oiseaux de proie.

20. Cabane des loups.

21. Enclos pour recevoir une variété de petits animaux.

22. Enclos pour recevoir les tortues pendant l'été.

23. Colombier.

24. Etable avec un enclos pour la pâture des vaches et des taureaux.

25. Rangée de cages pour les hiboux.
26. Volière pour les oiseaux de petite espèce.
27. Enclos pour des oiseaux aquatiques.
28. Bâtiment renfermant les petits oiseaux de proie.
29. Habitation du castor.
3o. Cabane pour différentes espèces d'animaux.
31. Pièce de gazon sur laquelle sont placées des cages mobiles.
32. Plan des cabanes qui servent provisoirement aux animaux cités n°s 10 et 11.

Ce jardin, dont il n'y avait qu'une partie achevée lorsque je l'ai vu, doit avoir une plus grande étendue : il paraît que la Société a le projet de reprendre du terrain vers la partie nord. Il est probable que cette augmentation de terrain et l'achèvement de ce jardin, nécessiteront des changemens dans le placement des animaux. Toutefois, ces fabriques existeront, et le jardin aura toujours ce caractère particulier qui lui donne son mérite, et qui m'a fait le figurer.

PLANCHE V.

Banc rustique dont le dossier est vivant, c'est-à-dire que les saules qui le forment végètent parfaitement. On a besoin de les ététer.

Fig. 1. Élévation.
Fig. 2. Plan.

PLANCHE VI.

Masse de plantes du Nord sur pelouse.

A. Masse de plantes du Nord.
B. Pelouse qui par la pente donnée au terrain forme encaissement.

PLANCHE VII.

Bassin pour la culture des plantes aquatiques.

A. Bassin.
B. Plate-bande destinée à recevoir les plantes qui aiment les lieux humides.
C. Petite allée de service.
D. Petite plate-bande couverte de pierres en forme de rocher, pour la culture des plantes qui aiment à croître dans des jointures de pierres.
E. Haie qui entoure ces collections et qui fait qu'elles forment un compartiment du jardin.

PLANCHE VIII.

École de graminées du jardin de Kew.

A. Cercle dans l'espace duquel sont placées les plus grandes graminées.
B. Plates-bandes où se trouvent les différentes espèces de graminées.
C. Plate-bande, plus large que les autres, employée au même usage.
D. Chemins de service.
E. Bordures en briques, qui encaissent les plates-bandes.
F. Haie qui entoure l'école et la sépare des autres cultures.

PLANCHE IX.

Compartiment du jardin de Kew pour la culture de diverses plantes de collection.

A. Cercle au milieu duquel se trouve le bel *araucaria imbricata.*
B. Plates-bandes pour recevoir les plantes de collection.
C. Allées de service.
D. Haies qui entourent le compartiment.

PLANCHE X.

Serre avec bâches vitrées devant. (Jardin de Kew).

Fig. 1. Plan de la serre avec bâches.
A. Tablettes qui supportent les plantes en pots.
B. Chemin de service.
C. Conduit de chaleur.
D. Fourneau.
E. Murs qui forment la serre sur lesquels sont fixées les bâches vitrées.
F. Bâches.

Fig. 2. Coupe prise sur la ligne *a b.*
Les lettres indicatives de cette fig. correspondent avec celles du plan.

Fig. 3. Élévation d'un côté de la serre.

Cette serre, comme les autres que j'ai figurées dans cette relation, est construite en briques.

PLANCHE XI.

Compartiment du jardin de Kew pour recevoir les plantes de serre lors de la sortie.

A. Encadrement sur lequel sont placés les pots.

B. Allées de service.

C. Cadre en briques.

PLANCHE XII.

Serre destinée aux Pelargonium.

Fig. 1. Plan de la serre.

A. Tablette placée au milieu de la serre, elle supporte les pots ; sur le milieu de cette tablette, comme il est indiqué dans la coupe fig. 2, se trouve une autre tablette B.

C. Tablette, posée près des vitraux ; elle fait le tour de la serre.

D. Conduit de chaleur.

E. Cheminée.

F. Fourneau.

G. Chemin de service.

Fig. 2. Coupe prise sur la ligne *a b*.

Les lettres indicatives du plan correspondent à celles de la coupe.

Fig. 3. Elévation.

PLANCHE XIII.

Bâche, chez MM. Loddiges.

Fig. 1. Plan de la bâche.

A. Encaissement pour recevoir les plantes.

B. Chemin de service.

C. Conduit de chaleur.

Fig. 2. Coupe de la bâche prise sur la ligne *ab* du plan.

Fig. 3. Élévation du côté de la bâche.

Fig. 4. Châssis de la bâche, tous d'une seule pièce.

PLANCHE XIV.

Champignonnière adossée contre une serre a pêchers.

Fig. 1. Champignonnière.

A. Tablettes qui supportent les meules. Le fond de ces tablettes se compose de larges plaques en terre assez épaisses; le devant est une plaque en fonte qui encaisse la tablette.

B. Meules.

C. Barre de fer qui soutient les tablettes.

Fig. 2. Serre à pêchers.

A. Conduit de chaleur.

B. Pêchers garnissant le mur du fond.

C. Barres de fer soutenant les tringles de fer D, qui forment treillage et qui supportent les arbres E.

Cette serre est tout en fer.

PLANCHE XV.

Conduite d'arbres fruitiers.

Indication de deux méthodes anglaises.

Les fig. 1 et 2 représentent deux poiriers, conduits en ballons, vus à moitié.

(183)

La fig. 1 représente l'arbre dans la première année de
formation ; la fig. 2 le représente dans son état
parfait.

La fig. 3 représente un pommier paradis en vase bas,
à limbes très élargis.

PLANCHE XVI.

Serres du jardin de Kew.

Fig. 1. Serre à primeur pour forcer le pêcher.

A. Pêcher palissé sur un treillage en fer qui est établi
parallèlement au vitrage.

B. Conduit de chaleur dont la construction est d'une
certaine hauteur dans la serre, pour augmenter le
nombre des bouches de chaleur marquées *b*.

Fig. 2. Serre à primeur pour forcer le pêcher et la
vigne.

A. Le pêcher conduit obliquement sur un treillage de
fer.

A'. Autre pêcher garnissant le mur.

B. Vigne qui arrive de dehors et qui garnit toute la
partie supérieure de l'intérieur de la serre.

C. Conduit de chaleur avec bouches.

Fig. 3. Serre pour les ficoïdes.

A. Tablette pour recevoir les pots.

B. Petite tablette appuyée sur le mur.

C. autre tablette qui longe la serre.

D. conduits de chaleur avec bouche.

E. Partie dallée devant la serre pour recevoir les
plantes (ficoïdes) qui demandent la chaleur lors
de la sortie.

F. partie dallée derrière la serre pour recevoir les
   ficoïdes qui demandent moins de chaleur lors de
   la sortie.

PLANCHE XVII.

Aspergerie de primeur.

A. Bâches, remplies de terre préparée, destinées à re-
   cevoir le plant d'asperges.
B. Bâches de service que l'on remplit de fumier pour
   hâter la pousse des plants.
C. Petit mur en brique qui encadre les bâches.
D. Mur extérieur qui entoure l'aspergerie.

PLANCHE XVIII.

Serre chauffée à l'eau ; jardin de la Société horti-culturale de Londres.

Fig. A. Bâche pour recevoir les plantes.
A. encaissement de la bâche.
BB'. Chemin de service plus élevé en B qu'en B'.
C. Cuvette contenant de l'eau pour les arrosemens.
D. Chaudière qui présente à la partie supérieure une
   ouverture circulaire d.
E. Réservoir.
F. Conduit pour l'eau ajusté à colliers f.
G. Conduit de fumée.
H. Maçonnerie formant le fourneau.
I. Chauffoir.
J. Escalier qui descend au chauffoir.
K. Grand mur de la serre.

L. Bâtiment de desserte adossé à la serre.

M. Petit mur du devant du bâtiment de desserte.

M'. Petit mur du devant de la serre.

N. Jambages en briques qui supportent une gouttière.

O P. Ligne sur laquelle est établie la coupe.

Fig. 2. Coupe prise sur la ligne O P.

Les lettres de cette figure correspondent à celles de la figure précédente excepté :

M. Soupirail pour renouveler l'air de la serre.

N. Gouttière pour recevoir les eaux.

P. Réceptacle de la cendre.

Fig. 3. Appareil monté tel que je l'ai vu exécuté en petit dans le cabinet de la Société.

A. Chaudière.

B. Réservoir.

C. Conduit supérieur.

C'. Conduit inférieur.

PLANCHE XIX.

Élévation de la serre chauffée à l'eau, telle qu'elle existe au jardin de la Société horticulturale de Londres.

A. Soupiraux servant à renouveler l'air de la serre.

B. Gouttière qui reçoit les eaux qui coulent sur les châssis et les conduit aux extrémités de la serre. Par ce moyen on jouit d'une plate-bande devant la serre.

C. Jambages en briques placés devant la serre, servant à soutenir la gouttière.

13

PLANCHE XX.

Point central de la pépinière de MM. Loddiges.

Ce lieu est destiné à la culture des plantes du Nord.

A. Cercle où se trouve une masse de *kalmia latifolia*.

B. Plates-bandes doubles, séparées par un rang d'arbustes très rapprochés les uns des autres, pour former ombrage et abri ; de chaque côté de ces arbustes, il y a une petite largeur en gazon D.

C. Allées couvertes d'herbes.

E. Pépinière d'arbres et arbrisseaux tracée en spirale dans toute son étendue.

FIN DE L'EXPLICATION DES PLANCHES.

TABLE

DES MATIÈRES.

FIN DE LA TABLE DES MATIÈRES.

Pl. I.
Voyage Agronomique

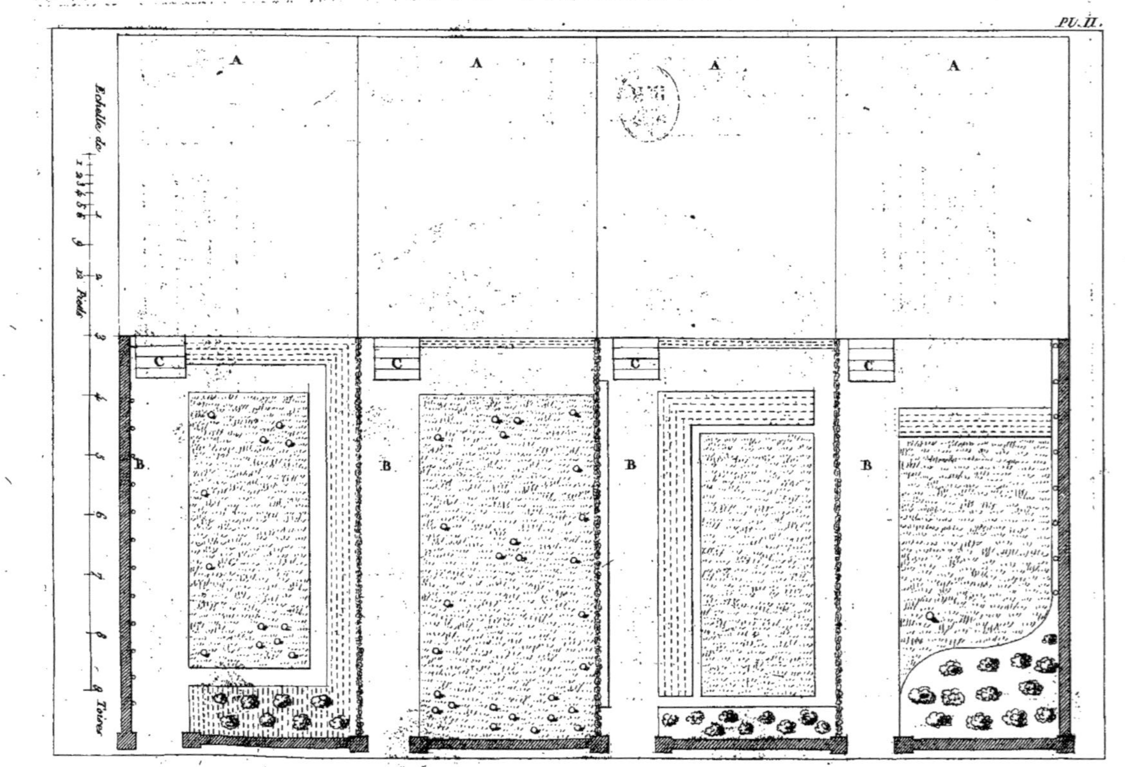

Pl. II.
A
A
A
A
C
C
C
C
B
B
B
B
Echelle de
1 2 3 4 5 6   12   Pieds
1   2   3   4   5   6   7   8   9   Toises

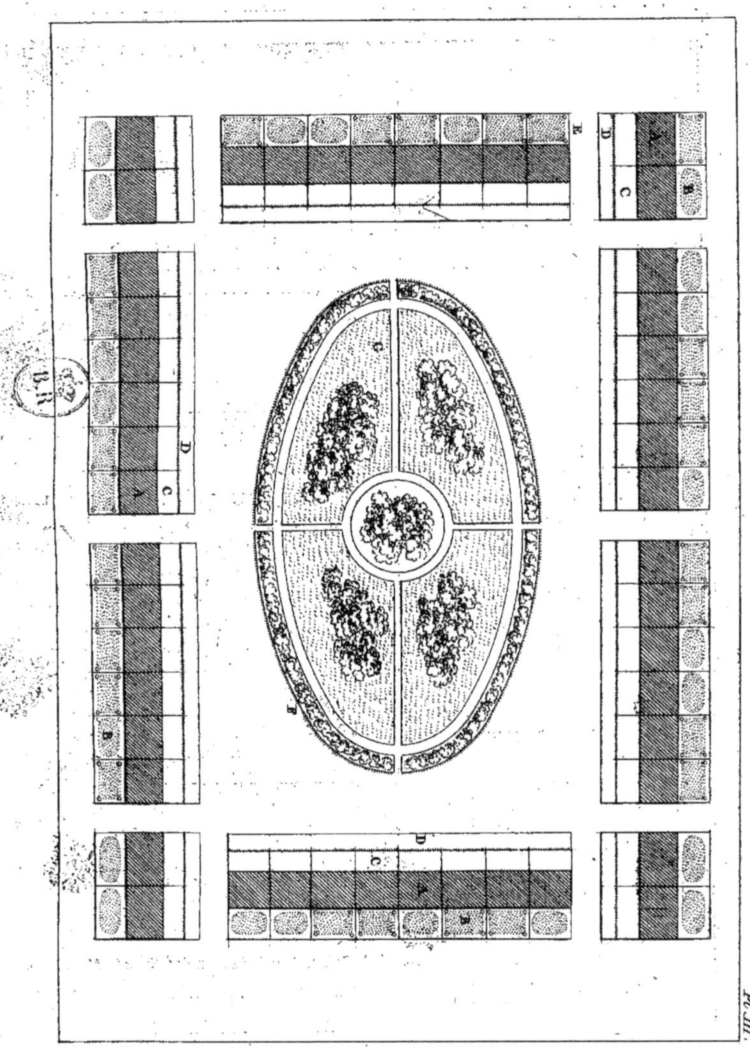

Pl. III.

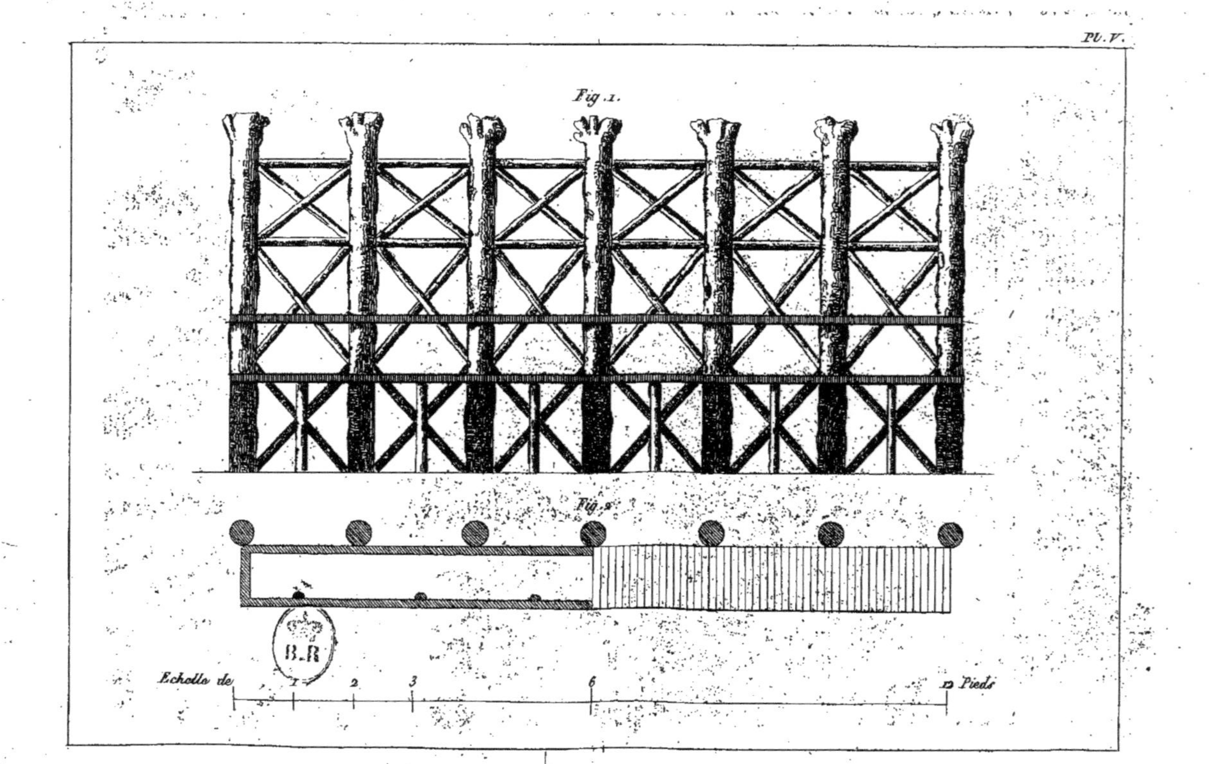
Pl. V.
Fig. 1.
Fig. 2.
B.R
Echelle de   1   2   3   6   12 Pieds

Pl. VI

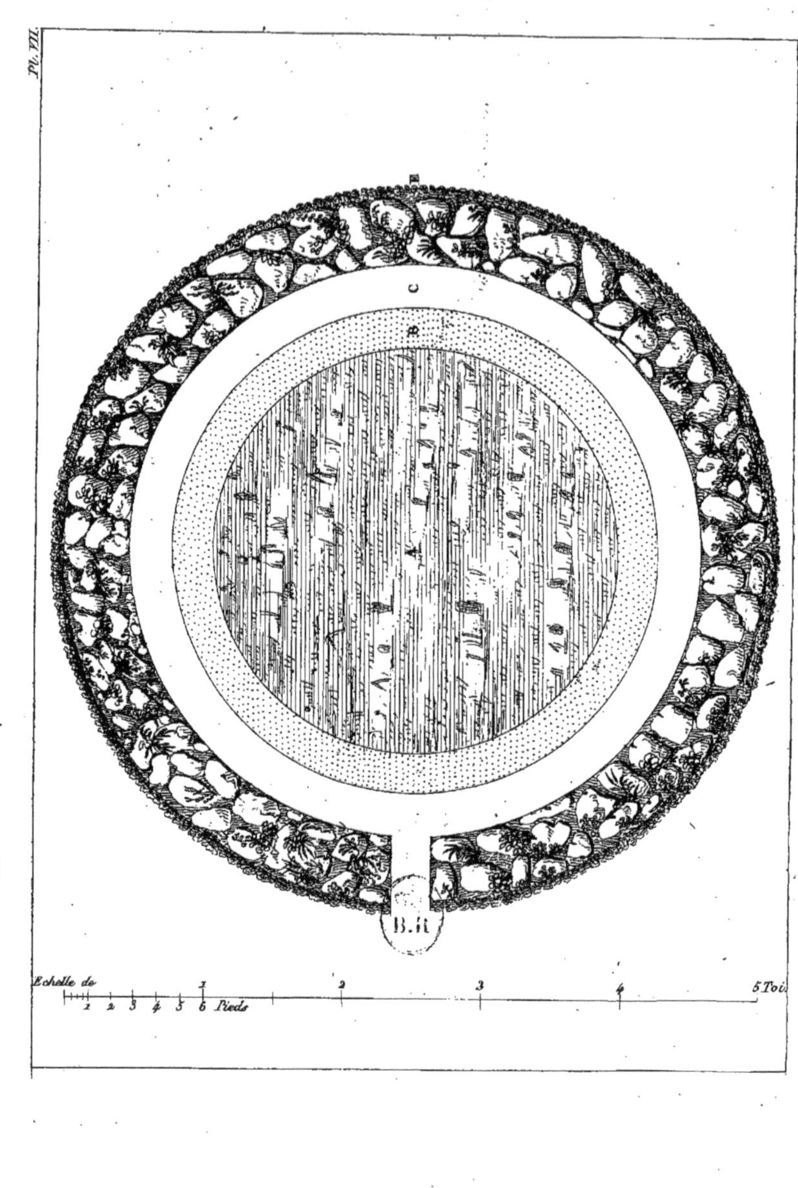

Pl. VII.
C
D
A
B.R
Echelle de
1 2 3 4 5 6 Pieds
1 2 3 4 5 Toi

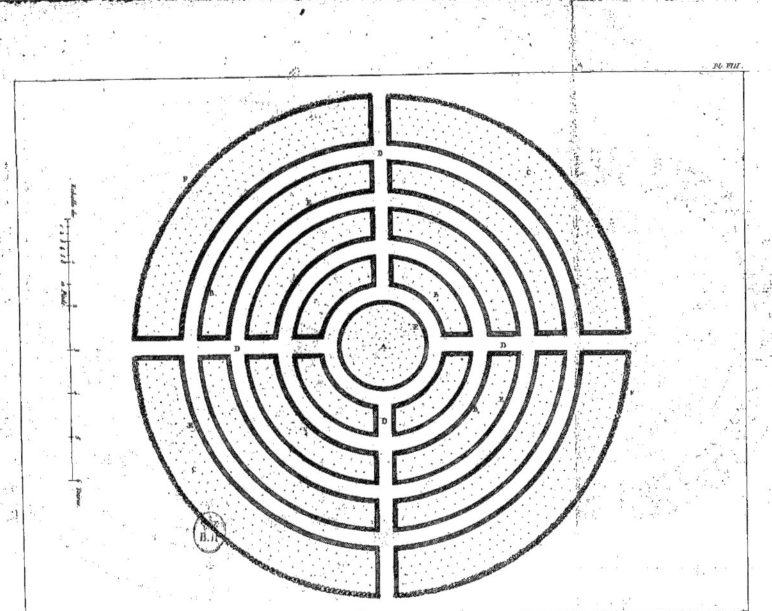

Voyage Agronomique.

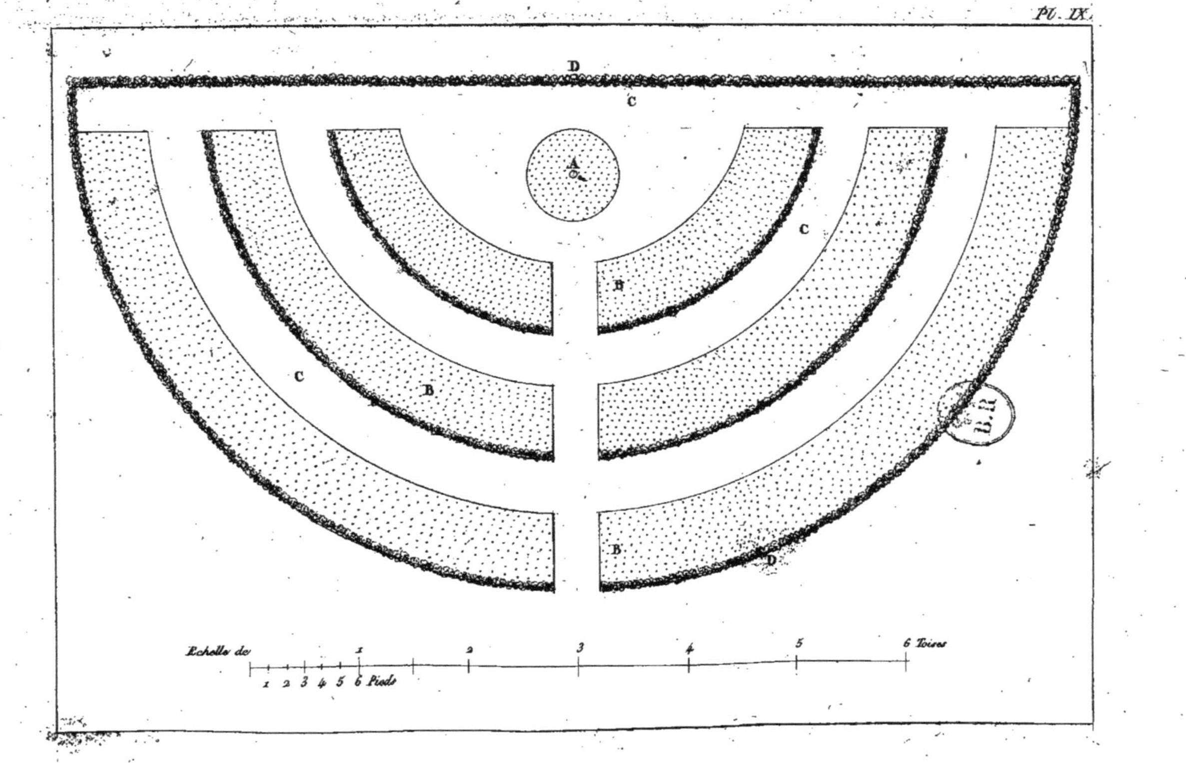

Pl. IX.
D
c
A
C
B
c
B
C
B
B.R
B
D
Echelle de
1   2   3   4   5   6 Toises
1 2 3 4 5 6 Pieds

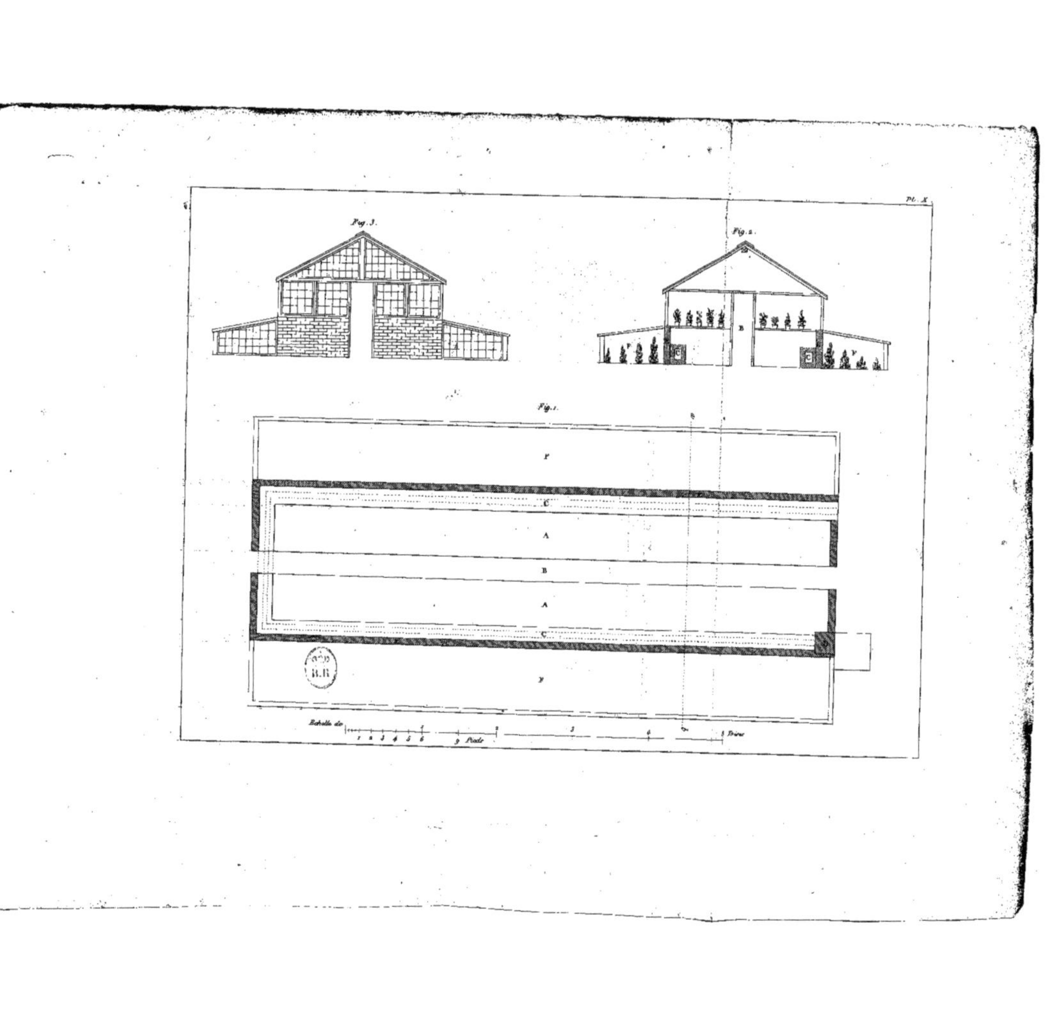

Pl. X.
Fig. 3.
Fig. 2.
Fig. 1.
Echelle de
1 2 3 4 5 6   9 Pieds   1   2   3   4   5 Toise

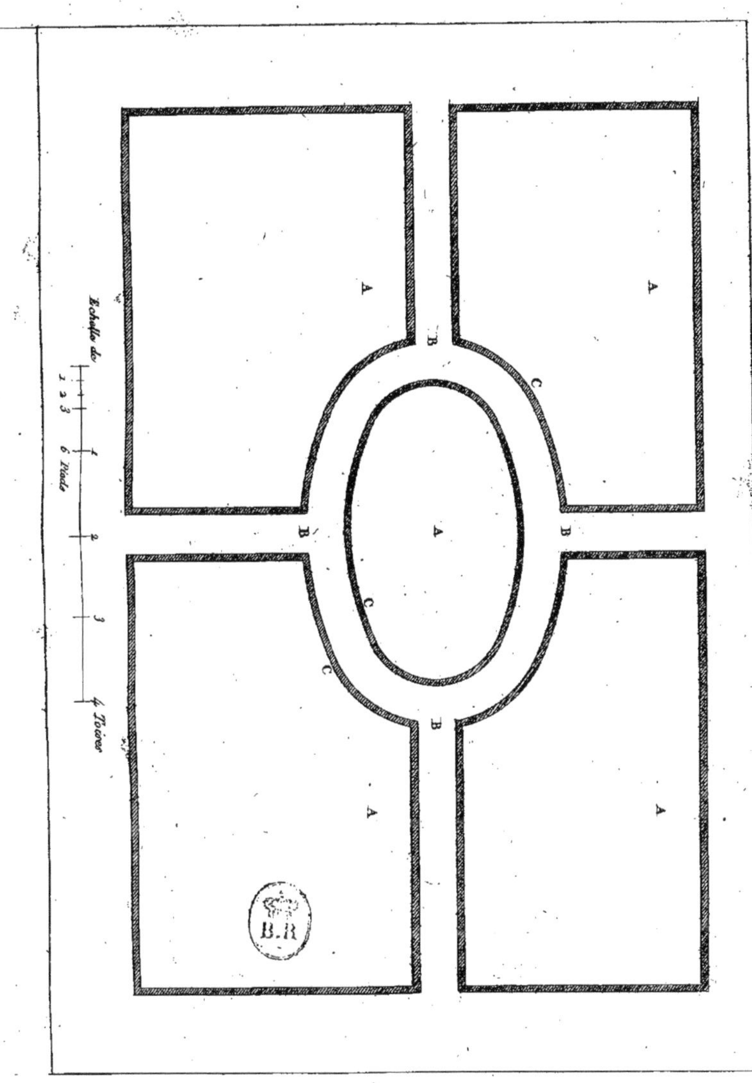

Echelle de
1 2 3 4 6 Pieds
1 2 3 4 Toises
A
A
B
C
B
A
B
C
C
B
A
A
B.R
Pl. XI.

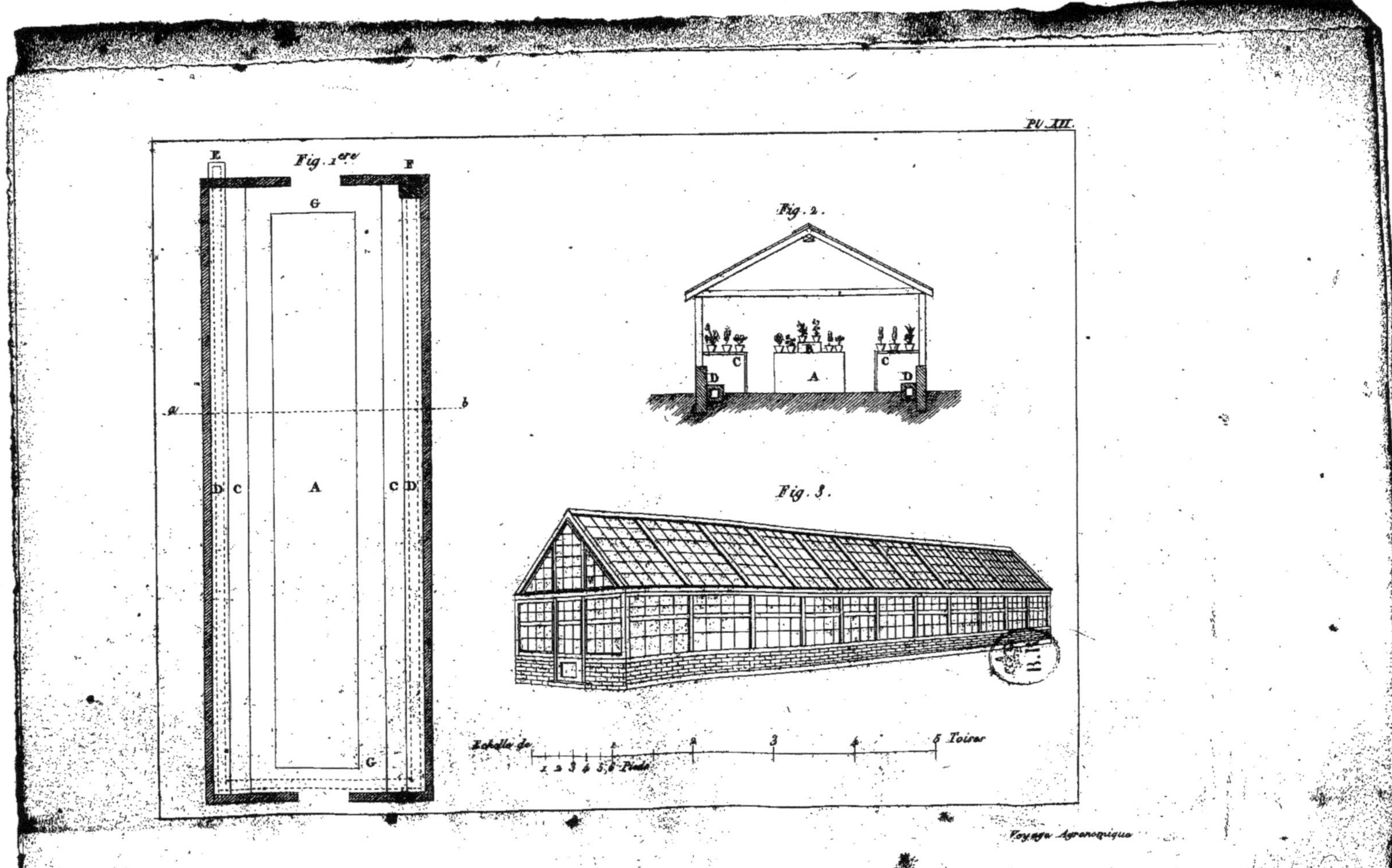

Pl. III.
Fig. 1.ere
E
F
G
D C
A
C D
G
Fig. 2.
C
A
C
D
D
Fig. 3.
Echelle de
1 2 3 4 5 6 Pieds
3
4
5 Toises
Voyage Agronomique

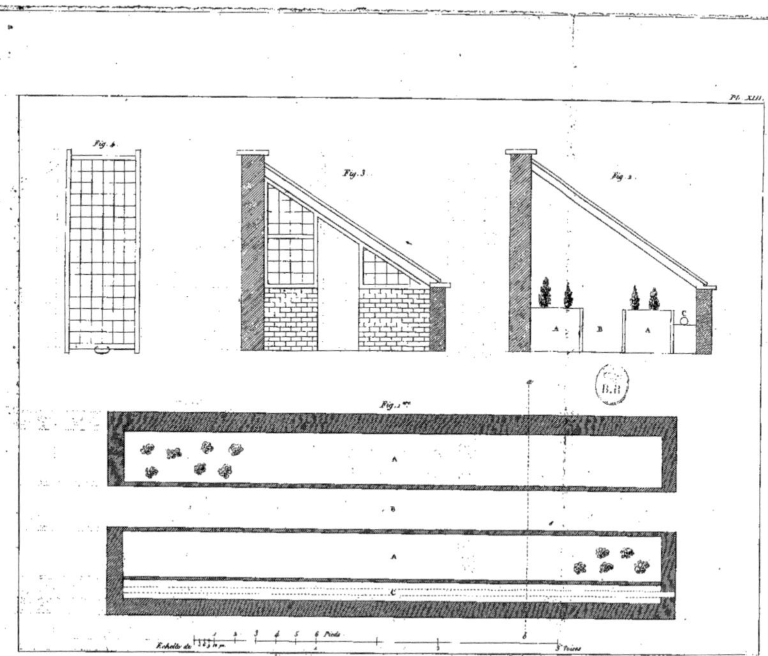

Pl. XIII.
Fig. 4.
Fig. 3.
Fig. 2.
A
B
A
Fig. 1.re
A
B
A
C
Echelle de
Pieds
Pouces
Voyage Agronomique

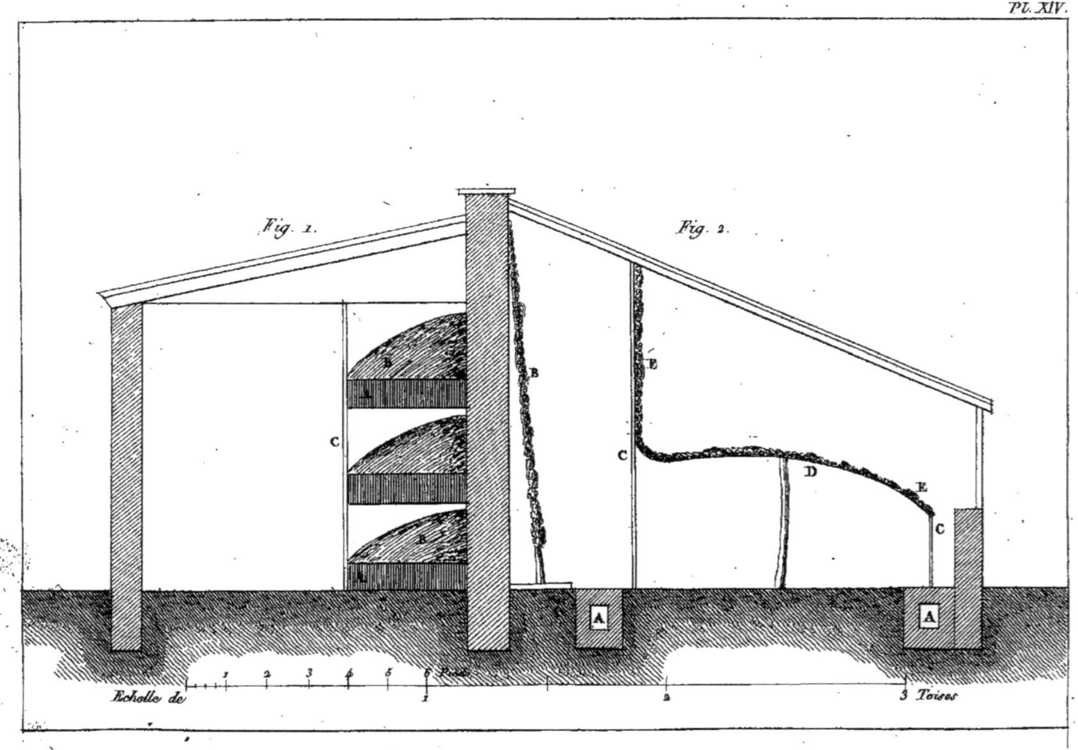

Pl. XIV.
Fig. 1.
Fig. 2.
A
B
C
D
E
Echelle de
1 2 3 4 5 6 Pieds
1
2
3 Toises
Voyage Agronomique.

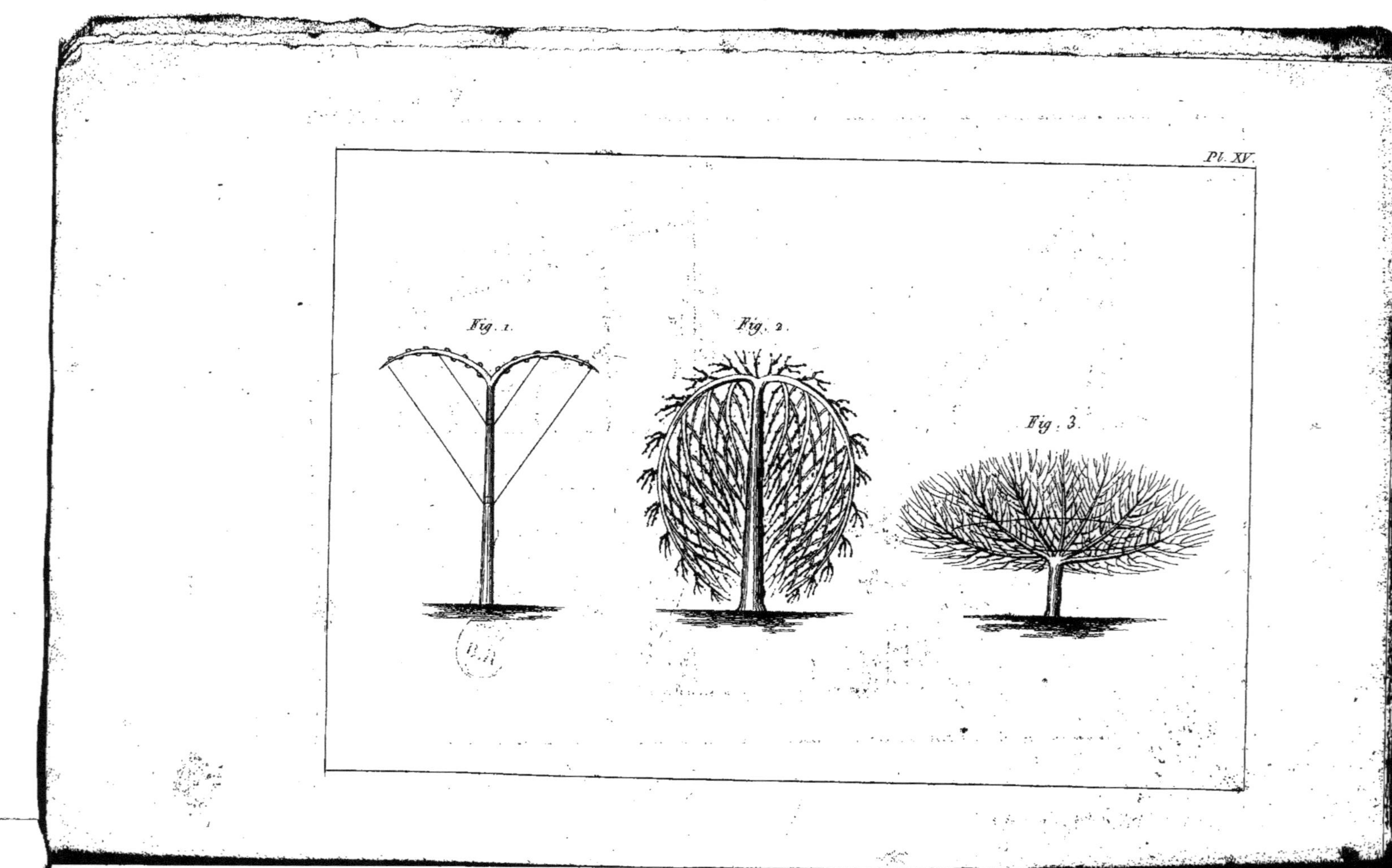

Pl. XV.
Fig. 1.
Fig. 2.
Fig. 3.

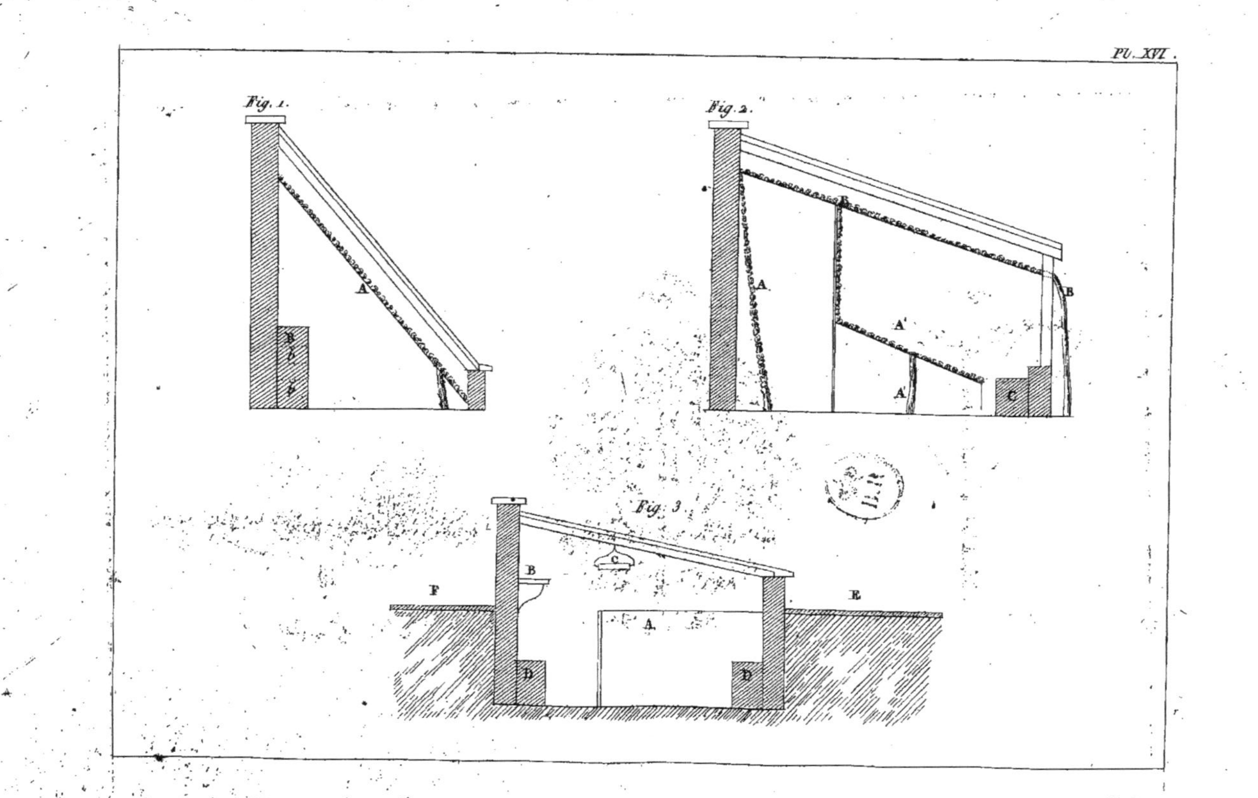

Pl. XVI.
Fig. 1.
Fig. 2.
Fig. 3.
A
B
C
D
E
F

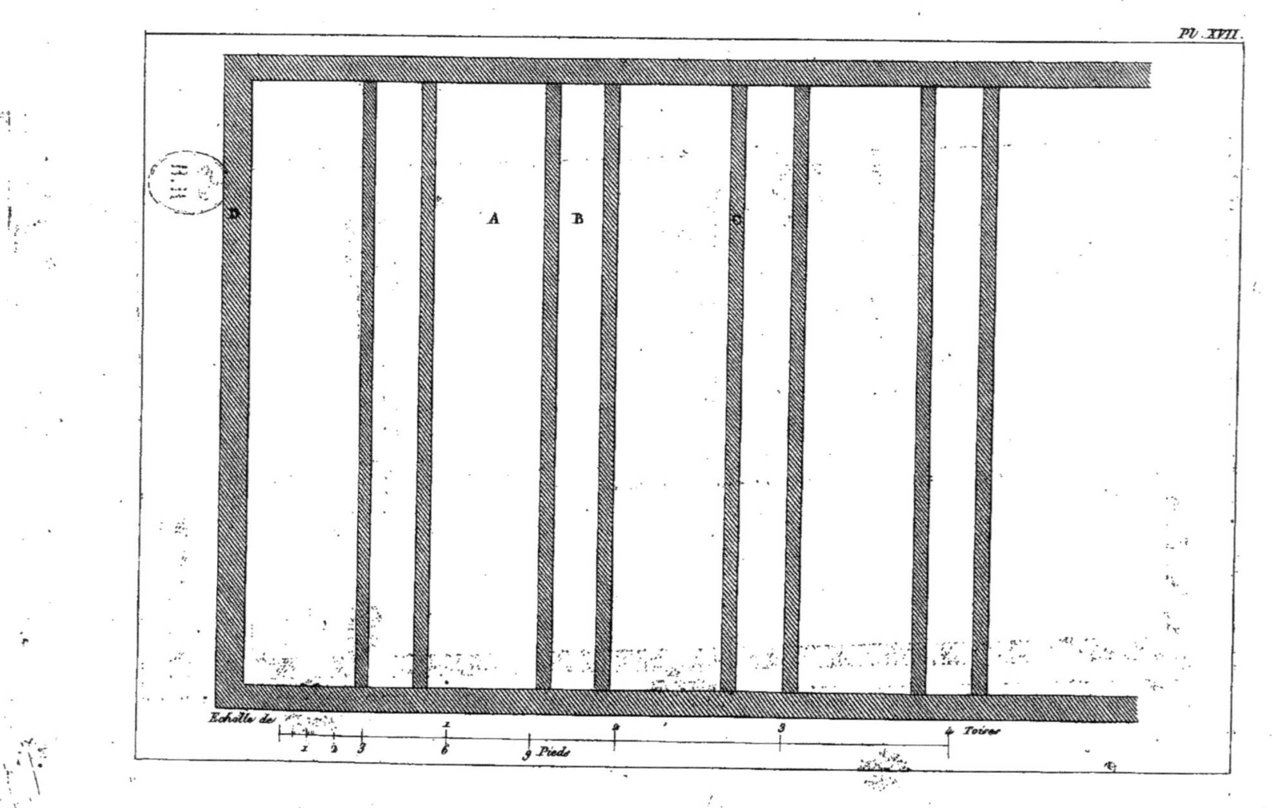

Pl. XVII.
D
A
B
C
Echelle de
1 2 3
6
9 Pieds
3
4 Toises

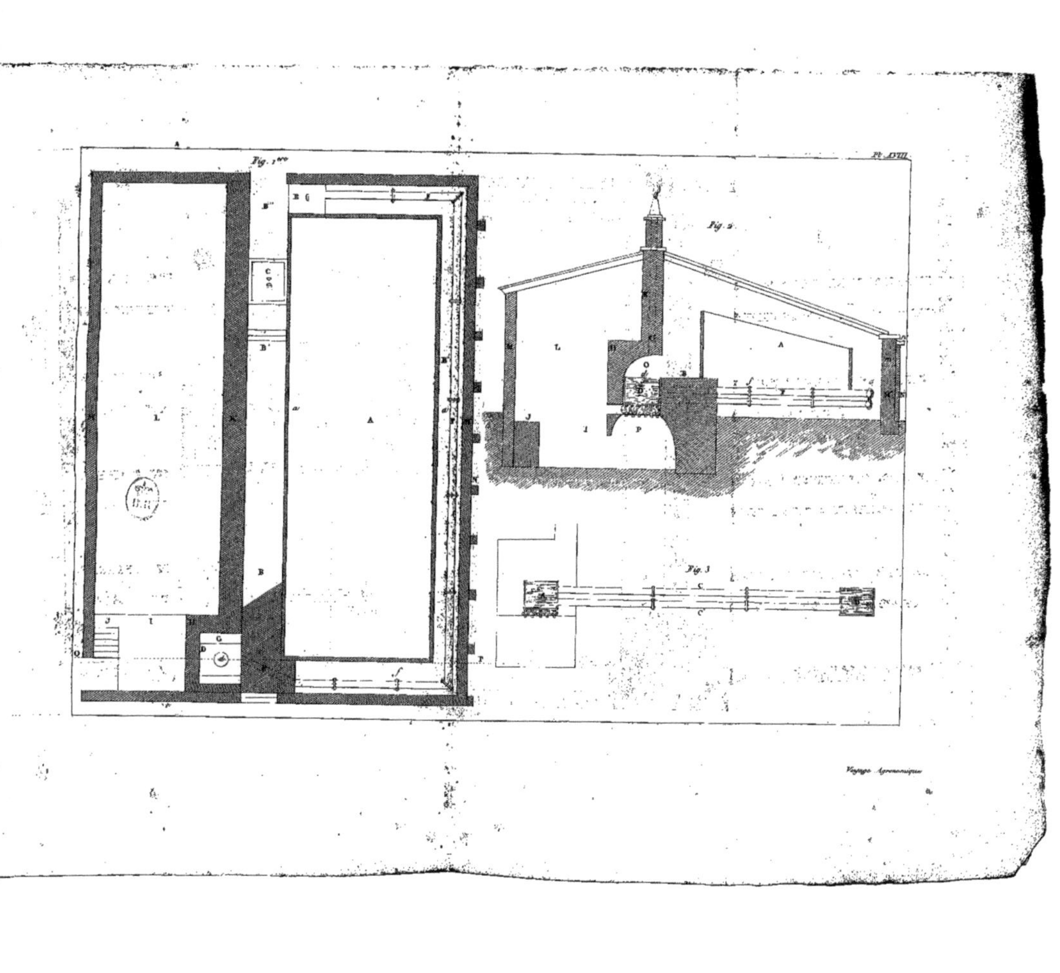

Fig. 1ere
Pl. LVIII
Fig. 2
Fig. 3
Voyage Agronomique

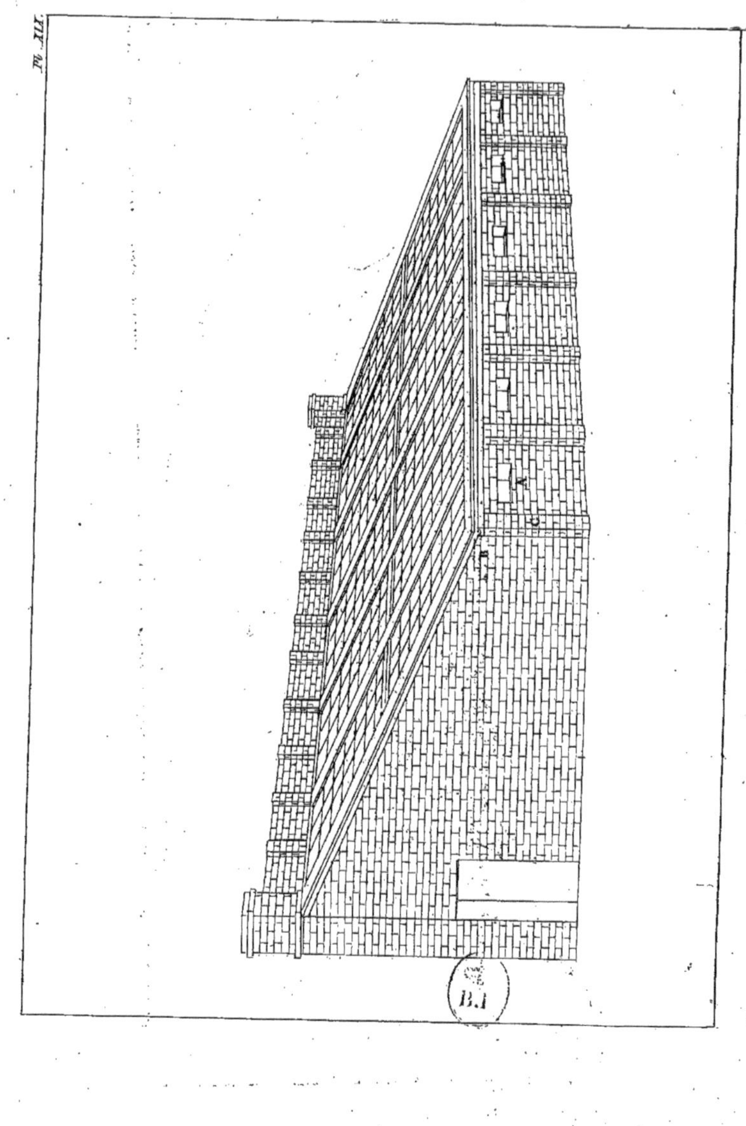

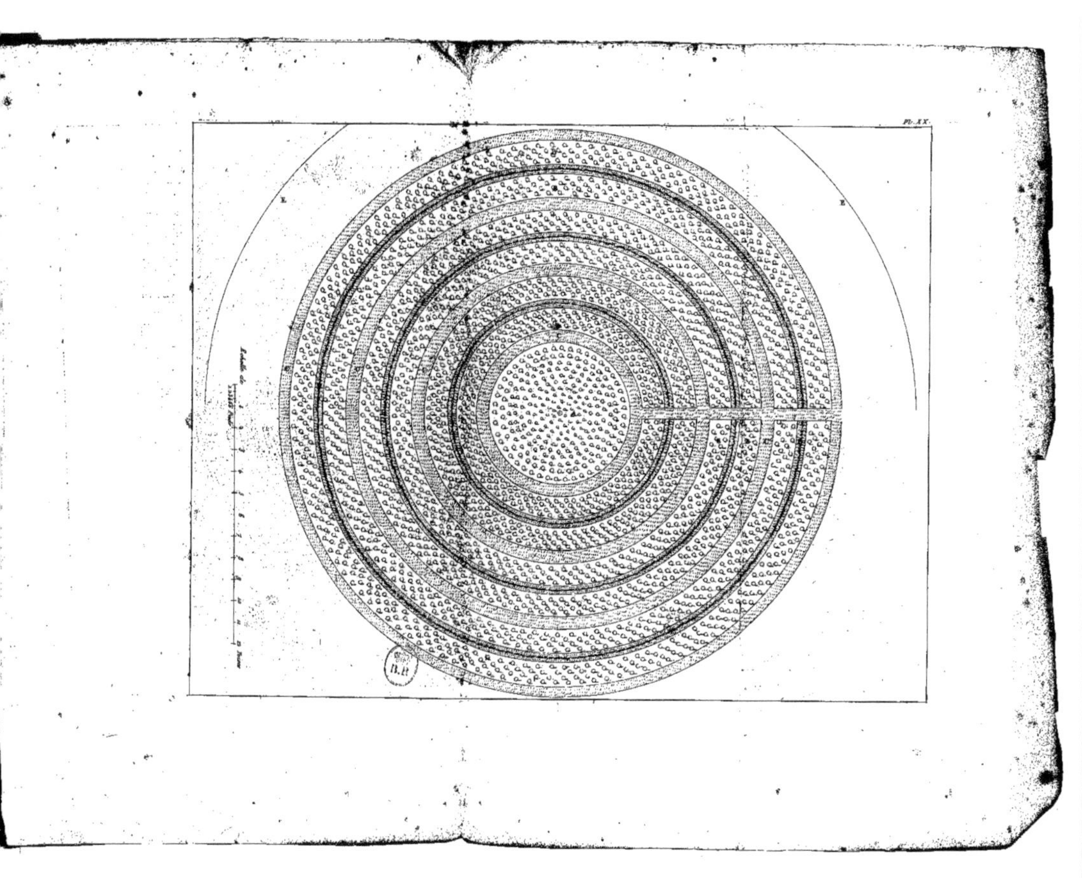

9 782019 991425